**Sven Bodo Wirsing**

# Maximal nilpotente Teilstrukturen II

## Eine Korrespondenz in auflösbaren Algebren

Mit 187 Übungsaufgaben

disserta
Verlag

**Wirsing, Sven Bodo: Maximal nilpotente Teilstrukturen II: Eine Korrespondenz in auflösbaren Algebren. Mit 187 Übungsaufgaben. Hamburg, disserta Verlag, 2015**

Buch-ISBN: 978-3-95935-186-7
PDF-eBook-ISBN: 978-3-95935-187-4
Druck/Herstellung: disserta Verlag, Hamburg, 2015

**Bibliografische Information der Deutschen Nationalbibliothek:**
Die Deutsche Nationalbibliothek verzeichnet diese Publikation in der Deutschen Nationalbibliografie; detaillierte bibliografische Daten sind im Internet über http://dnb.d-nb.de abrufbar.

---

**Für meinen Doktorvater**

**Prof. Dr. Hartmut Laue**

*Ob Analysis oder Algebra,*
*seine Vorlesungen sind stets wunderbar.*
*Als Student das algebraische Feuer von ihm entzündet,*
*ist es in diesem Buch über Nilpotenz gemündet?*

# Inhaltsverzeichnis

**Eine Korrespondenz zwischen Substrukturen**

*Vertauschend vom Komplement zum Radikal*
*und erhöht wieder zurück,*
*entweichen sie dem Substrukturen-Tal*
*und stagnieren zum Glück*
*schon beim zweiten Mal.*

*Eingebettet von den Extremen,*
*den Cartan-Teilalgebren und dem Nilradikal,*
*versuchen wir sie zu zähmen*
*in endlicher Isomomorphien-Zahl:*
*sie haben keine Wahl.*

*In der Korrespondenz zu den Gruppen,*
*die maximal nilpotenten Untergruppen sich entpuppen.*
*1:1 im Hin und Her*
*Einheiten und Erzeugen vertragen sich gar sehr:*
*ein Zweiklang wie ein Paar im Meer.*

*Fitting-Untergruppe und Carter-Untergruppen gliedern sich ein,*
*die extremen maximal nilpotenten Untergruppen zu sein.*
*Die Klasse der Nilpotenz, die beschreibt der Satz von Du,*
*die Partner haben diegleiche, das folgt wie im Nu.*
*Dieses Kapitel ist noch lange nicht zu.*

*Dies alles in Algebren ist dar,*
*und auflösbar müssen sie sein,*
*wo die maximale Nilpotenz wir untersuchen ganz fein,*
*ist das nicht wunderbar?*
*Ist alles klar?*

*(Sven Wirsing, im August 2015)*

# Einleitung

In Band I dieser Serie wurden zwei Hauptthemen bearbeitet: zum einen die Ermittlung der Cartan-Teilalgebren und zum anderen die des Nilradikals der assoziierten Lie-Algebra $A^\circ$ einer endlich-dimensionalen assoziativen unitären Algebra $A$. Beide Lie-Teilstrukturen gehören zu den maximal nilpotenten Lie-Teilalgebren von $A^\circ$. Ist die Radikalfaktorstruktur separabel, so gibt es nach dem Satz von Wedderburn-Malcev ein Radikalkomplement $T$ des Radikals $rad(A)$ von $A$. Mit Hilfe des Radikalkomplementes konnten wir in Band I in vielen Algebrenklassen die Cartan-Teilalgebren und auch das Nilradikal von $A^\circ$ beschreiben. Speziell im auflösbaren Fall von $A$ (d.h., wenn die Faktoralgebra $A/rad(A)$ und die Teilalgebra $T$ kommutativ sind) haben wir eingesehen, dass die Zentralisatoren der Radikalkomplemente – also $C_A(T)$ – die Cartan-Teilalgebren von $A^\circ$ sind. Dieses Ergebnis wurde orginär von Thorsten Bauer in seiner Dissertation [4] bewiesen. Insbesondere sind die Cartan-Teilalgebren wieder assoziative Teilalgebren. Mit Hilfe des Satzes von Wedderburn-Malcev folgt daraus weiter, dass alle Cartan-Teilalgebren unter der Gruppe $1 + rad(A)$ konjugiert sind. Betrachten wir weiter den zentralen Anteil von $T$ – also $Z(A) \cap T$ – so haben wir in Band I zudem bewiesen, dass erstens $Z(A) \cap T$ das Radikalkomplement des Zentrums von $A$ ist und zweitens die direkte Summe von $rad(A)$ und $Z(A) \cap T$ das Nilradikal von $A^\circ$ ergibt.

Der vorliegende Band II führt diese Theorie im auflösbaren Fall von $A$ weiter fort. Die folgenden Leitfragen bilden die Grundlage der Analysen in diesem Buch:

- Wie können im auflösbaren Fall von $A$ **sämtliche** maximal nilpotente Lie-Teilalgebren von $A^\circ$ beschrieben und konstruiert werden?
- Welche besondere Stellung haben das Nilradikal und die Cartan-Teilalgebren unter diesen?
- Was sind die Carter-Untergruppen und was ist die Fitting-Untergruppe der Einheitengruppe $E(A)$ im auflösbaren Fall von $A$?
- Wie können im auflösbaren Fall von $A$ **sämtliche** maximal nilpotente Untergruppen von $E(A)$ beschrieben und konstruiert werden?

- Welche besondere Stellung haben die Fitting-Untergruppe und die Carter-Untergruppen unter diesen?
- Gibt es strukturelle Beziehungen zwischen den maximal nilpotenten Lie-Teilalgebren und Untergruppen?

In Kapitel 1 stellen wir kurz eine Übersicht der verwendeten Strukturen (wie z.B. $KG$ für die Gruppenalgebra) zusammen. Mit diesen werden wir einerseits die Ergebnisse illustrieren, andererseits dienen sie als Beispielmaterial für die zahlreichen Übungsaufgaben zu jedem Kapitel, in denen der Leser das Erlernte anwenden möge.

Zur Beantwortung der Frage, ob es strukturelle Beziehungen zwischen maximal nilpotenten Untergruppen und Lie-Teilalgebren gibt, werden wir die Hauptaussage des zweiten Kapitels immer wieder in diesem Werk nutzen. Dabei handelt es sich um den Satz von Xiankun Du von 1992, der für Radikalalgebren zeigt, dass die aufsteigenden Zentralreihen der assoziierten Lie-Algebra und der quasiregulären Gruppe – eine Verallgemeinerung der Einheitengruppe – in jedem Schritt übereinstimmen. Insbesondere bedeutet dies, dass die Nilpotenzklassen dieser beiden Struturen übereinstimmen, eine Aussage, die Stephen Arthur Jennings bereits fast 40 Jahre zuvor vermutet hatte und die von Hartmut Laue in den 80iger Jahren teilweise bewiesen worden war. Es ist oft bequemer, die Nilpotenzklasse der Lie-Algebra und nicht die der quasiregulären Gruppe zu berechnen. Zum Beispiel sind Radikale assoziativer Algebren Radikalalgebren. In unserem Kontext werden wir dieses Resultat benutzen, um Beziehungen bzgl. den Nilpotenzklassen maximal nilpotenter Lie-Teilalgebren und Untergruppen herzuleiten. Exkursartig zeigen wir am Ende von Kapitel 2 noch eine weitere Anwendung des Satzes von Xiankun Du. Betrachtet man die aufsteigende Zentralreihe der quasiregulären Gruppe einer Radikalalgebra und dabei sukzessive die Faktorgruppen, dann sind diese per Definition der Zentralreihe abelsche Gruppen. Im Falle einer Radikal-Algebra über einem Körper der Charakteristik $p$ lässt sich mit Hilfe des Satzes von Xiankun Du sogar einsehen, dass diese sukzessiv gebildeten Faktorgruppen sogar elementar-p-abelsch sind. Auf die Gruppenalgebra – für die Adalbert Bovdi dieses Resultat veröffentlich hat – möge der Leser dieses Ergebnis in den Übungsaufgaben zu Kapitel 2 anwenden und erleben.

Wie wir weiter oben beschrieben haben, möchten wir unsere Leitfragen in diesem Werk für auflösbare Algebren beantworten. Innerhalb der Leitfragen sind besonders die strukturellen Beziehungen zwischen assoziativer, assoziierter Lie- und der abgeleiteten Gruppenstruktur in Form der Einheitengruppe von Bedeutung. Bereits bei dem Begriff der Auflösbarkeit selbst ist dieses Phänomen zu beobachten. Wir werden in Kapitel 3 nämlich einsehen, dass der Begriff der Auflösbarkeit für die assoziative Algebra, ihrer assoziierten Lie-Algebra und ihrer Einheitengruppe für endlich-dimensionale assoziative unitäre Algebren (für einen Körper mit mindestens 5 Elementen, in dem $1+1 \neq 0$ gilt) äquivalent ist. Dieses Ergebnis gibt durchaus einen Anstoß dazu, dass es unter diesen Bedingungen noch weitere Beziehungen zwischen diesen Strukturen gibt, und es stellt quasi auch den Grund dafür dar, dass die oben geschilderten Leitfragen im Falle der Auflösbarkeit untersucht werden. Einen ersten Zusammenhang schildern wir bereits noch exkursartig zum Abschluss von Kapitel 3. Dort werden wir einsehen, dass die sog. Borel-Teilalgebren von $A^\circ$ – dies sind die maximal auflösbaren Lie-Teilalgebren – für Körper der Charakteristik Null wieder assoziative unitale Teilalgebren von $A$ sind. Dabei werden uns der Satz von Sophus Lie und ein Ergebnis von Hartmut Laue zum assoziativen Erzeugnis den Beweis liefern. Leider können wir nicht herleiten, dass die zugehörige Einheitengruppe dieser assoziativen unitalen Teilalgebren auch maximal auflösbar – also Borel-Untergruppen – sind. Es gilt aber zumindest die Aussage, dass die Einheitengruppe wieder auflösbar ist und aus jeder Borel-Teilalgebra eine neue Einheitengruppe entsteht. Der Grund dafür ist, dass das K-Erzeugnis der Einheitengruppe die ganze Algebra ist. Dieses Vorgehen – Einheitengruppen- und K-Erzeugnis-Bildung – werden wir im weiteren Verlauf dieses Werkes oftmals anwenden.

Thorsten Bauer hat bereits in seiner Dissertation [4] eine der obigen Leitfragen geklärt, nämlich die Bestimmung der Carter-Untergruppen der Einheitengruppe einer assoziativen auflösbaren Algebra mit separabler Radikalfaktorstruktur. Er zeigt dort das sehr runde Resultat, dass die Carter-Untergruppen (für Körper mit mindestens drei Elementen) genau die Einheitengruppen der Cartan-Teilalgebren der assoziierten Lie-Algebra sind. Die Voraussetzung über den Körper ist deshalb wichtig, da mit dieser die Algebra von ihrer Einheitengruppe K-erzeugt wird. Dementsprechend könnte man deshalb auch so formulieren, dass das K-Erzeugnis der Carter-Untergruppen genau die Cartan-Teilalgebren sind. Schon an dieser Stelle zeigt sich wiederum das Zusammenspiel von Einheitengruppen- und K-Erzeugnis-Bildung. In dem Artikel [5] von Thorsten Bauer und Salvatore Siciliano zu dieser Thematik, verwenden die Autoren ein Resultat, das wir auch im Laufe der Arbeit benutzen werden. Sie zeigen, dass das K-Erzeugnis einer nilpotenten Untergruppe wieder Lie-nilpotent ist.

Das Phänomen des Zusammenspiels von Cartan-Teilalgebren und Carter-Untergruppen zeigt sich auch beim Nilradikal und der Fitting-Untergruppen. Wir werden in Kapitel 5 herleiten, dass diese beiden Strukturen auch über die Einheitengruppen- und K-Erzeugnis-Bildung eindeutig zusammenhängen. Dabei ist das oben erwähnte Resultat von Thorsten Bauer und Salvatore Siciliano von großer Bedeutung.

In den bisherigen Kapiteln haben wir uns mit prominenten Beispielen zu maximal nilpotenten Teilstrukturen beschäftigt. Wir lösen uns nun von dieser speziellen Sichtweise und beschreiben sowie konstruieren in Kapitel 6 alle maximal nilpotenten Lie-Teilalgebren. Wir zeigen zunächst – in Analogie zu den Borel-Teilalgebren (aber mit gänzlich anderer Begründung) – , dass diese Lie-Teilalgebren wieder assoziative unitale Teilalgebren sind. Das ermöglicht es uns, eine der Aussagen von Band I anzuwenden: die innere Struktur dieser assoziativen Teilalgebren $M$ von $A$ ist die innere direkte Summe ihres Radikals (das wegen der Auflösbarkeit in $rad(A)$ liegt) und des eindeutig bestimmten zentralen Radikalkomplements bestehend aus vollseparablen Elementen – etwa $M = rad(M) \oplus VSEP(M)$ –. Wegen des Satzes von Wedderburn-Malcev liegt $VSEP(M)$ in einem Radikalkomplement $T$. Wir zeigen anschliessend, dass derartige direkte Summen genau dann maximal Lie-nilpotent sind, wenn die Zentralisator-Bedingungen $C_{rad(A)}(VSEP(M)) = rad(M)$ und $C_T(rad(M)) = VSEP(M)$ gelten. Eine leichte Folgerung hieraus ist, dass maximal nilpotente Lie-Teilalgebren die Doppel-Zentralisator-Bedingungen $C_{rad(A)}(C_T(rad(M))) = rad(M)$ und $C_T(C_{rad(A)}(VSEP(M))) = VSEP(M)$ erfüllen. Um nun sämtliche maximal Lie-nilpotente Teilalgebren zu ermitteln, nutzen wir diese Eigenschaft aus bzw. nehmen sie zum Anlass, wie folgt vorzugehen: Wir starten mit einer unitalen Teilalgebra $C$ von $T$, ermitteln damit den Doppelzentralisator $C_T(C_{rad(A)}(C))$. Auf diesen wenden wir erneut das Doppel-Zentralisieren an usw. Aufgrund der endlichen Dimension muss diese Bildung stagnieren. Es zeigt sich, dass für die so entstehende Teilalgebra $\hat{C}$ in $T$ die direkte Summe $\hat{C} \oplus C_{rad(A)}(\hat{C})$ maximal Lie-nilpotent ist. Auch die duale Bildung – beginnend mit einer Teilalgebra von $rad(A)$ – führt so zu maximal Lie-nilpotenten Teilalgebren, aber nicht zu weiteren. Es stellt sich sofort die Frage, wann für eine unitale Teilalgebra das Doppel-Zentralisieren stagniert. Die Antwort ist ganz schlicht: nach dem ersten Bilden. Das bedeutet, dass wir auf den unitalen Teilalgebren-Verband von $T$ einmal das Doppel-Zentralisieren anwenden müssen, um anschlissend mit obiger direkter Summen-Bildung sämtliche maximal nilpotenten Lie-Teilalgebren zu erhalten. Dabei erweisen sich das Nilradikal und die Cartan-Teilalgebren als extrem. Beim Nilradikal ist der Anteil von $T$ zentral in $A$, bei den Cartan-Teilalgebren ist es das ganze Radikalkomplement. Bei allen anderen ist der Anteil zwischen diesen beiden Extremstellen gelegen. Beim Übergang zu einem weiteren Radikalkomplement entstehen (wegen des Satzes von Wedderburn-Malcev) durch unser Verfahren nur isomorphe Kopien. Das bedeutet aber, dass wir die Isomorphietypen maximal Lie-nilpotenter Teilalgebren mit Hilfe der Anzahl der unitalen Teilalgebren von $T$ abschätzen können. Diese Anzahl ist endlich, da $T$ separabel und kommutativ ist. Derartige Algebren heissen futil. Dies leiten wir in einem eigenen Abschnitt in diesem Kapitel her, und wir zeigen zudem, dass wir diese Anzahl durch die Bell-Zahl $B(dim_K(T))$ abschätzen können.

In Kapitel 7 stellen wir den Zusammenhang zwischen maximal nilpotenten

Lie-Teilalgebren und Untergruppen her. Dabei zeigt sich, dass der Zusammenhang – wie bei den Cartan-Teilalgebren und den Carter-Untergruppen bzw. wie der beim Nilradikal und bei der Fitting-Untergruppe – bei beliebigen maximal nilpotenten Substrukturen wiederfindet: Die Einheitengruppe einer maximal Lie-nilpotenten Teilalgebra ist eine maximal nilpotente Untergruppe und das K-Erzeugnis einer maximal nilpotenten Untergruppe ist eine maximal nilpotente Lie-Teilalgebra. Dieser Zusammenhang ist sogar bijektiv: Die Abbildungen $E(\cdot)$ und $\langle\cdot\rangle_K$ sind invers zueinander. Mit Hilfe des Satzes von Xiankun Du gilt zudem, dass die Nilpotenzklassen der maximal nilpotenten korrespondierenden Partner identisch sind. Dieser Hauptsatz ermöglicht es uns, die Aussagen von Kapitel 6 auf maximal nilpotente Untergruppen zu übertragen, was der Inhalt von Kapitel 8 ist.

Dort beschreiben wir demnach analog zu Kapitel 6

· die innere Struktur der maximal nilpotenten Untergruppen als direktes Produkt unipotenter und zentraler, vollseparabler Elemente,

· die Kennzeichnung maximal nilpotenter Untergruppen mittels Einfach- und Doppelzentralistorbildung,

· die Ermittlung sämtlicher maximal nilpotenter Untergruppen durch die Anwendung des Doppel-Zentraliserens auf den Untergruppenverband von $E(T)$,

· die duale Ermittlung sämtlicher maximal nilpotenter Untergruppen durch die Anwendung des Doppel-Zentraliserens auf den Untergruppenverband von $1 + rad(A)$,

· die Extremstellung der Carter-Untergruppen und der Fitting-Untergruppe unter allen maximal nilpotenten Untergruppen von $E(A)$,

· das Verhalten beim Wechsel zu einem neuen Radikalkomplement und

· die Endlichkeit der Anzahl der Isomorphieklassen maximal nilpotenter Untergruppen, die wir durch dieselbe Bell-Zahl abschätzen.

Im letzten Kapitel beschäftigen wir uns mit weiteren prominenten maximal nilpotenten Untergruppen, nämlich den sog. nilpotenten Injektoren, nilpotenten Projektoren und den Fischer-Untergruppen. Wir sehen ein, dass diese mit den Carter-Untergruppen bzw. der Fitting-Untergruppe zusammenfallen. Schliesslich übertragen wir diese Begriffswelt auf die Lie-Seite (nilpotente Lie-Injektoren, nilpotente Lie-Projektoren und Fischer-Teilalgebren) und beweisen, dass diese mit den Cartan-Teilalgebren und dem Nilradikal übereinstimmen. Postum ergibt sich dadurch auch das Ergebnis, dass die Einheitengruppe der Fischer-Teilalgebra, der nilpotenten Lie-Projektoren und -Injektoren genau die Fischer-Untergruppen und nilpotenten Projektoren und Injektoren sind.

Wie oben erwähnt, illustrieren wir die Ergebnisse mit unseren Standard-Beispielen. Dabei verwenden wir die Gruppenalgebra, die unteren und oberen Dreiecksmatrizen, die Solomon-Algebra und die Solomon-Tits-Algebra im Haupttext, diese und die anderen Konstruktionen für die Übungsaufgaben. Der Leser wird sehen, dass wir in den ersten Kapiteln die Beispiele sehr allgemein halten, in den letzten 4 Kapitel allerdings nur noch exemplarisch vorgehen. Der Grund dafür ist der, dass die Klassifizierung der maximal nilpotenten Teilalgebren für die oben genannten vier Algebrenklassen weitere theoretische Überlegungen verlangt. Um den Leser nicht zu weit von den Leitfragen zu entfernen, hat sich der Autor entschlossen, diese in einem dritten Band darzustellen, was den Ausblick am Ende des Buches rechtfertigt.

Am Ende jedes Kapitel finden sich zahlreiche Übungsaufgaben. Diese Aufgaben dienen dem Leser als weitere Vertiefung in die geschilderten Thematiken. Zu Beginn jeder Übungsaufgaben-Serie befinden sich zudem offene Fragestellungen, die dem Leser (aber auch dem Autor) als Basis für weitere Forschungen in diesem Bereich dienen können. Zahlreiche Graphiken verdeutlichen dem Leser zudem die erlangten Ergebnisse in diesem Buch.

**Übungsaufgabe 1** *Wie werden die Leitfaden in diesem Werk beantwortet?*

# Kapitel 1

# Standard-Beispiele und Symbole

Dieses Kapitel hat einleitenden Charakter und stellt die in diesem Buch verwendeten assoziativen Algebren, Monoide und Gruppen systematisch zusammen. Sie dienen im weiteren Verlauf dieses Buches zur Illustration der erlangten Erkenntnisse allgemeinerer Natur und sollen dem Leser diese Ergebnisse und ihre Anwendung auf konkrete Algebren verdeutlichen. Einige Anwendungen werden auch in die zahlreichen Übungsaufgaben verlagert. Des Weiteren stellen wir die benutzten Symbole übersichtsartig zusammen.

## Mengen und Zahlen

Seien $A, B, T$ Mengen und $i, n, k \in \mathbb{N}_0$. Folgende mengen- und zahlentheoretischen Symbole nutzen wir:

· $\emptyset$ - die leere Menge

· $A \cap B$ - Durchschnitt der Mengen $A, B$

· $A \cup B$ - Vereinigung der Mengen $A, B$

· $A \setminus B$ - Differenz der Mengen $A, B$

· $A \times B$ - kartesisches Produkt von $A, B$

· $P(A)$ - Potenzmenge von $A$

· $\underline{n}$ - die ersten n Zahlen

· $\underline{n}_0$ - die ersten n Zahlen mit Null

· $p(n)$ - Partitionenzahl von $n$

· $n!$ - Fakultät von $n$

· $\mid A \mid$ - Element-Anzahl der Menge $A$

· $S(n,k)$ - k-te Stirling-Zahl zu n

· $B(n)$ - n-te Bell-Zahl

· $\binom{n}{k}$ - n über k

· $\binom{T}{i}$ - i-elementige Teilmengen der Menge $T$

· $\equiv$ - äquivalent

· $\mod$ - modulo

## Gruppen und Monoide

Seien $p \in \mathbb{P}$, $n \in \mathbb{N}$, $N$ eine Menge, $M$ ein Monoid, $G$ eine Gruppe, $N$ ein Normalteiler von $G$, $a, b \in G$, $U, V \leq G$, $A$ eine assoziative unitäre $K$-Algebra, $c \in K$ und $q$ eine Primzahlpotenz. Folgende Gruppen, Monoide und Symbole hierzu verwenden wir:

· $\mathbb{N}$ - natürliche Zahlen

· $\mathbb{N}_0$ - natürliche Zahlen und Null

· $D_{2n}$ - Diedergruppe der Ordnung $2n$

· $Q_{4n}$ - Quaternionengruppe der Ordnung $4n$

· $SD_{2^n}$ - Semi-Diedergruppe der Ordnung $2^n$

· $S_n$ - symmetrische Gruppe vom Grad $n$

· $A_n$ - alternierende Gruppe vom Grad $n$

· $GL(n,q)$ - generelle lineare Gruppe vom Grad $n$ über $GF(q)$

· $C_n$ oder auch $Z_n$ - zyklische Gruppe der Ordnung $n$

· $E(A)$ - Einheitengruppe von $A$

· $Q(A)$ - quasireguläre Gruppe von $A$

· $\times$ - direktes Produkt von Gruppen

· $\wr$ - reguläres Kranzprodukt von Gruppen

· $\ltimes$ - semidirektes Produkt von Gruppen.

· $st(G)$ - auflösbare Stufe von $G$

- $cl(G)$ - Nilpotenzklasse von $G$
- $Z_n(G)$ - das n-te Glied der aufsteigenden Zentralreihe von $G$
- $G^{(n)}$ - das n-te Glied der absteigenden Zentralreihe von $G$
- $\gamma_n(G)$, $G^{[n]}$ - das n-te Glied der absteigenden Kommutatorreihe von $G$
- $\star$, $\star_c$ - Sternverknüpfung
- $[a, b]$ - Kommutator von $a, b$
- $[U, V]$ - Kommutatorgruppe von $U, V$
- $a^{-1}$ - Inverses von $a$
- $a^b$ - das von a mit b Konjugierte
- $1 + rad(A)$ - die Einseinheiten
- $C_U(V)$ - Zentralisator von $V$ in $U$
- $N_U(V)$ - Normalisator von $V$ in $U$
- $\mathcal{G}$ - die Klasse der Gruppen
- $G'$ - die Ableitung von $G$
- $F^n(G)$ - n-te Fitting-Untergruppe von $G$
- $G/N$ - Faktorgruppe von $G$ nach $N$
- $\mathcal{SU}_{E(A)}$ - Menge der auflösbaren Untergruppen von $E(A)$
- $\Pi_n$ - geordnete Mengenpartitionen
- $\wedge_n$ - Verknüpfung auf $\Pi_n$
- $exp(G)$ - der Exponent von $G$
- $U_{\mathcal{U}}$ - unipotenter Faktor von $U$
- $U_{\mathcal{V}}$ - vollseparabler Faktor von $U$
- $O_p(G)$ - das p-Herz von $G$
- $\mathcal{G}(U), \mathcal{U}_{E(T)}$ - Untergruppen mit Doppel-Zentralisator-Eigenschaft in $E(T)$
- $U_T$ - Anzahl von $\mathcal{G}(U)$
- $\mathcal{G}_{DJ}$ - Untergruppen mit Doppel-Zentralisator-Eigenschaft in $1 + rad(A)$
- $\mathcal{G}_{UT}$ - maximal nilpotente Untergruppen von $E(A)$ bzgl. $E(T)$

· $\mathcal{G}_U$ - maximal nilpotente Untergruppen von $E(A)$

· $\mathcal{E}(\mathcal{A})_M$ - die Menge der maximal nilpotenten Untergruppen von $E(A)$

· $a^-$ - quasireguläres Inverses

· $x^{(a)}$ - quasireguläres Konjugiertes

## Allgemeine Algebren-Konstruktionen

Seien $A$ eine Algebra, $S \subseteq A$, $S$ endlich, $K$ ein Körper, $G$ eine Gruppe, $I$ ein Ideal, $M$ ein Monoid, $n \in \mathbb{N}$, $\alpha \in S_n$ und $T \subseteq A$. Folgende allgemeine Algebren-Konstruktionen und Symbole benutzen wir:

· $dim_K(A)$ - Dimension von $A$

· $\otimes$ - Tensorprodukt von Algebren

· $\times$ - direktes Produkt von Algebren

· $\oplus$ - innere bzw. äussere direkte Summe von Algebren

· $A/I$ - Faktoralgebra von $A$ nach $I$

· $KG$ - Gruppenalgebra von $G$ über $K$

· $A^{n\times n}$ - $n \times n$-Matrizenalgebra über $A$

· $A^\circ$ - assoziierte Lie-Algebra

· $\langle T\rangle_K$ - $K$-Raumerzeugnis

· $\langle T\rangle_{\mathcal{A}}$ - Algebrenerzeugnis

· $\langle T\rangle_{\mathcal{A}_1}$ - unitales Algebrenerzeugnis

· $A^K$ - Adjunktion einer Eins

· $A^{op}$ oder auch $A^-$ - Invers-Algebra zu $A$

· $(A \times A; \odot)$ - Erweiterung von $A$ um eine Zero-Algebra

· $gl(n, K)$ - entspricht $(K^{n\times n})^\circ$

· $eAe$ - entspricht $\{eae \mid a \in A\}$, wobei $e$ ein Idempotent von $A$ ist

· $Aug(KG)$ - Augmentationsideal von $KG$

· $\mathcal{A}$ - Klasse der assoziativen Algebren

· $\mathcal{A}_1$ - Klasse der assoziativen unitären Algebren

- $st(A)$ - auflösbare Stufe von $A$
- $cl(A)$ - Nilpotenzklasse von $A$
- $D(\alpha)$ - Defektklasse von $\alpha$
- $a_{nil}$ - nilpotenter Teil der Jordan-Zerlegung
- $a_{vsep}$ - vollseparabler Teil der Jordan-Zerlegung
- $\overline{S}$ - Summe der Elemente von $S$
- $A'$ - Ableitung von $A$
- $rad(A)^n$ - assoziative Radikalpotenzen
- $C_A(T)$ - Zentralisator von $T$ in $A$
- $a_T$ - Summe der $a_i$ mit $i \in T$, $T \subseteq \underline{n}$, $a_1, \cdots a_n \in A$

## Kommutative Algebren

Folgende kommutative Algebren benutzen wir:

- $\mathbb{Z}$ - ganze Zahlen
- $K[t]$ - Polynomring über einem Körper $K$ in der Variablen $t$
- $D(n, K)$ - Diagonalmatrizen in $K^{n \times n}$.
- $e_1, \cdots, e_n$ - primitive orthogonale Idempotente in $D(n, K)$
- $e_T$ - Summe der $e_i$ mit $i \in T \subseteq \underline{n}$
- $K^n$ - n-Tupel-Raum des Körpers $K$
- $K[a]$ - kleinste $a$ und $K$ enthaltene Teilalgebra
- $VSEP(\cdot)$ - Menge der vollseparablen Elemente
- $char(K)$ - Charakteristik eines Körpers $K$

## Körper und Schiefkörper

Seien $p$ eine Primzahl, $n \in \mathbb{N}$ und $(K; L)$ eine Körpererweiterung. Folgende Körper, Schiefkörper und Elemente werden in diesem Buch verwendet:

- $\mathbb{Q}$ - rationaler Zahlkörper
- $\mathbb{R}$ - reeller Zahlkörper

· $\mathbb{C}$ - komplexer Zahlkörper

· $\mathbb{H}$ - reelle Quaternionenalgebra

· $GF(p^n)$ - endlicher Körper mit $p^n$ Elementen

· $GF(q)$ - entspricht $GF(p^n)$ mit $q = p^n$

· $A(a,b)$ - allgemeine Quaternionenalgebra

· $K(a)$ - kleinster $a$ enthaltener Teilkörper von $L$ oberhalb von $K$

## (Zentral) - einfache assoziative Algebren

Seien $K$ ein Körper, $D$ eine Divisionsalgebra und $n \in \mathbb{N}$. Folgende Algebren und Symbole benutzen wir:

· $K^{n\times n}$ - $n \times n$-Matrizen über $K$

· $e_{ij}$ - Basismatrizen von $K^{n\times n}$

· $det$ - Determinante

· $Spur$ - Spur

· $D^{n\times n}$ - $n \times n$-Matrizen über $D$

· $A(a,b)$ - allgemeine Quaternionenalgebra.

## Halbeinfache assoziative Algebren

Folgende Algebren benutzen wir:

· $\times$ - direkte Produkte einfacher Algebren

· assoziative Algebren $A$ mit $rad(A) = 0$.

## Nilpotente assoziative Algebren

Seien $A$ eine assoziative Algebra, $K$ ein Körper, $p$ eine Primzahl, $n \in \mathbb{N}$ und $G$ eine Gruppe. Folgende nilpotente Algebren benutzen wir:

· $rad(A)$ - nilpotentes Radikal von $A$

· $J(A)$ - Jacobson-Radikal von $A$

· $s\delta_{u,n}$ - Algebra der strikt unteren Dreiecksmatrizen von $K^{n\times n}$

· $s\delta_{o,n}$ - Algebra der strikt oberen Dreiecksmatrizen von $K^{n\times n}$

· $Aug(KG)$ - Augmentationsideal einer $p$-Gruppe $G$ über $K$ mit $char(K) = p$.

## Auflösbare assoziative Algebren

Seien $n \in \mathbb{N}$ und $K$ ein Körper. Folgende auflösbare Algebren benutzen wir:

· $K\Pi_n$ - Solomon-Tits-Algebra (siehe z.B. [69])

· $D_n$ - Solomon-Algebra im Falle $char(K) = 0$ (siehe z.B. [4])

· $\delta_{u,n}$ - Algebra der unteren Dreiecksmatrizen von $K^{n\times n}$

· $\delta_{o,n}$ - Algebra der oberen Dreiecksmatrizen von $K^{n\times n}$

· $KG$ - Gruppenalgebra im Falles eines Körpers der Charakteristik $p$ und einer Gruppe mit normaler $p$-Sylow-Untergruppe und einem abelschen und hallschen Komplement.

## Lie-Algebren

Seien $n \in \mathbb{N}$, $K$ ein Körper, $L$ eine Lie-Algebra, $H \subseteq L$, $x \in L$ und $A$ eine assoziative Algebra. Folgende Symbole zu Lie-Algebren benutzen wir:

· $\circ$ - abgeleitete Lie-Verknüpfung

· $A^\circ$ - assoziierte Lie-Algebra

· $ad(x)$ - adjungierte Darstellung von $x$

· $L_0(ad(H))$ - Fitting-Nullkomponente von $H$ bzgl. $L$

· $\mathcal{B}_A$ - Menge der Borel-Teilalgebren von $A^\circ$

· $st(L)$ - auflösbare Stufe von $L$

· $cl(L)$ - Nilpotenzklasse von $L$

· $Z_n(L)$ - das n-te Glied der aufsteigenden Zentralreihe von $L$

· $L^{(n)}$ - das n-te Glied der absteigenden Zentralreihe von $L$

· $L^{[n]}$ - das n-te Glied der absteigenden Kommutatorreihe von $L$

· $\mathcal{L}$ - Klasse der Lie-Algebren

· $nil(L)$ - Nilradikal von $L$

· $\mathcal{M}(T)$, $\mathcal{A}_{DT}$ - Teilalgebren mit Doppel-Zentralisator-Eigenschaft in $T$

· $m_T$ - Anzahl von $\mathcal{M}(T)$

· $\mathcal{A}_{DJ}$ - Teilalgebren mit Doppel-Zentralisator-Eigenschaft in $rad(A)$

· $\mathcal{A}_{MT}$ - maximal nilpotente Lie-Teilalgebren von $A^\circ$ bzgl. $T$

· $\mathcal{A}_M$ - maximal nilpotente Lie-Teilalgebren von $A^\circ$

· $L'$ - Ableitung von $L$

· $t_M$, $u_M$ - Einheitengruppen- und $K$-Erzeugnis-Bildung

· $\mathfrak{I}_i(I)$ - Folgen von Teilalgebren und Untergruppen im Radikal

· $\mathcal{T}_i(C)$ - Folgen von Teilalgebren und Untergruppen im Radikalkomplement

# Kapitel 2

# Radikal-Algebren und der Satz von Du

In diesem Kapitel behandeln wir Radikal-Algebren. Es wird sich zeigen, daß für Radikal-Algebren im Kontext der Nilpotenz ein enger Zusammenhang zwischen ihrer assoziierten Lie-Struktur und der abgeleiteten Gruppenstruktur – der quasiregulären Gruppe – besteht. Dieses Kapitel ist in Anlehnung an die Vorlesung von Hartmut Laue [38] konzipiert. Diese wiederum benutzt Analysen der Diplomarbeit von Karsten Scholz zu dieser Thematik (siehe [53]). Für Beweise verweisen wir auf das Kapitel 4 in [38].

Das Besondere an diesem Resultat ist, dass sich die Ermittlung der Nilpotenzklasse im Lie- und Gruppensinne als äquivalent erweisen. Das erlaubt es, Rechnungen zur Nilpotenz der quasiregulären Gruppe in Analysen der Lie-Algebra zu verlagern. Wir werden dies u.a. in den Übungsaufgaben sehen, beweisen aber in diesem Kapitel einen Satz zur p-Potenzstruktur der quasiregulären Gruppe im Falle positiver Charakteristik p. Auch hierbei wird dieses Verlagerungsprinzip angewendet.

Radikal-Algebren und insbesondere die Untersuchungen zu ihrer Nilpotenz im Lie- und Gruppensinne werden im weiteren Verlauf dieses Buch von Bedeutung sein. Insbesondere nutzen wir die Ergebnisse dieses Kapitel bei dem Korrespondenz-Satz zwischen maximal nilpotenten Lie-Teilalgebren und maximal nilpotenten Untergruppen sowie zahlreichen Beispielen hierzu aus.

## 2.1 Radikal-Algebren und Zentralreihen

**Definition und Bemerkung 1** Sei $A$ eine assoziative $K$-Algebra. Mit den Symbolen $rad(A)$ bzw. $J(A)$ bezeichnen wir das Nilradikal bzw. das Jacobson-Radikal von $A$. Ist $A$ rechtsartinsch, so stimmen nach einem Satz von Gottfried Köthe diese beiden Radikale überein und sind nilpotent.[1] Die assoziative Nilpotenzklasse kürzen wir mit $cl(\cdot)$ ab. $A$ heisst Radikal-Algebra, wenn $A = J(A)$ gilt. $A$ heisst nile Algebra, wenn $A = rad(A)$ erfüllt ist. Sowohl $rad(A)$ als auch $J(A)$ sind Radikal-Algebren.

Die zu $A$ assoziierte Lie-Algebra $A^\circ$ sei definiert durch die Multiplikation $a \circ b := ab - ba$ für alle $a, b \in A$. Die aufsteigende Zentralreihe von $A^\circ$ definieren wir durch $Z_0(A^\circ) := \{0\}$ und $Z_n(A^\circ) := \{z \mid z \in A, \forall a \in A : z \circ a \in Z_{n-1}(A^\circ)\}$. $A$ heißt Lie-nilpotent, wenn es ein $n \in \mathbb{N}$ gibt, so dass $A = Z_n(A^\circ)$ gilt. Das minimale derartige $n$ heißt die Nilpotenzklasse von $A^\circ$ – in Zeichen $cl(A^\circ)$. Ebenso können wir die absteigende Zentralreihe definieren durch $(A^\circ)^{(0)} := A$ und $(A^\circ)^{(n)} := (A^\circ)^{(n-1)} \circ A$. $A$ ist genau dann Lie-nilpotent, wenn die absteigende Zentralreihe in endlich vielen Schritten den Nullraum erreicht. Die minimale Anzahl dieser Schritte stimmt mit der Nilpotenzklasse überein. Hinreichend – und oft in Anwendungen ausgenutzt – für Lie-Nilpotenz ist die assoziative Nilpotenz, wie z.B. im rechtsartinschen Fall bei $rad(A)$ vorliegend. In [38] wird bewiesen, dass die Glieder der aufsteigenden Zentrenreihe wieder assoziative Teilalgebren sind.

Für alle $a, b \in A$ definieren wir (Bartel Leendert van der Waerden folgend) $a \star b := a + b + ab$, und wir nennen $\star$ die Sternverknüpfung auf $A$. $A$ bildet mit $\star$ ein Monoid mit neutralem Element 0. Die Einheitengruppe dieses Monoids heißt die quasireguläre Gruppe von $A$ – in Zeichen $Q(A)$. Die Elemente von $Q(A)$ heißen quasiregulär, das Inverse zu $a \in Q(A)$ bezeichnen wir mit $a^-$ und das zu $a$ mit $b$ Konjugierte mit $a^{(b)} := b^- \star a \star b$. Jedes nilpotente Element ist quasiregulär, und daher gilt für jede nile assoziative Algebra $A$ die Identität $A = Q(A) = rad(A)$. Gilt $Q(A) = A$, so schreiben wir auch $A^\star$ statt $Q(A)$. Es ist $rad(A)$ bzgl. $\star$ eine Gruppe. Auch das Jacobson-Radikal ist bzgl. $\star$ eine Gruppe. Die aufsteigende Zentralreihe von $Q(A)$ definieren wir durch $Y_0(Q(A)) := \{0\}$ und $Y_n(Q(A)) := \{y \mid y \in Q(A), \forall a \in Q(A) : [y, a] \in Y_{n-1}(Q(A))\}$ für alle $n \in \mathbb{N}$. Dabei sei der Kommutator $[y, a]$ definiert durch $y^- \star y^{(a)}$ für alle $y, a \in Q(A)$. $Q(A)$ ist bekanntlich nilpotent, wenn die aufsteigende Zentralreihe $Q(A)$ in endlich vielen Schritten erreicht. Die minimale Zahl dieser Schritte nennt man die Nilpotenzklasse von $Q(A)$ – in Zeichen $cl(Q(A))$. Die

[1] Gottfried Köthe (geboren 1905 in Graz, gestorben 1989 in Frankfurt a. M.) zeitweise Schüler von E. Noether, später Zusammenarbeit u. a. mit O. Töplitz, wirkte in Gießen, Mainz, Heidelberg und Frankfurt a. M., führte 1928 das Nil-Radikal ein (daher auch Köthe-Radikal genannt). Von Köthe wurde die Theorie rechtsartinscher Algebren weiter verallgemeinert, jedoch unter Zugrundelegung eines deutlich komplizierteren begrifflichen Rahmens.
Eine der bekanntesten Vermutungen der Ringtheorie geht auf G. Köthe (1930) zurück und besagt, daß das Nil-Radikal jedes nile einseitige Ideal einer Algebra enthält. Die Köthe-Vermutung konnte für umfangreiche Klassen von assoziativen Algebren nachgewiesen werden, ist aber in voller Allgemeinheit immer noch offen.

absteigende Zentralreihe von $Q(A)$ ist definiert durch $Q(A)^{(0)} = Q(A)$ und $Q(A)^{(n)} := [Q(A)^{(n-1)}, Q(A)]$ für alle $n \in \mathbb{N}$. $Q(A)$ ist nilpotent, wenn die absteigende Zentralreihe die triviale Untergruppe in endlich vielen Schritten erreicht. Die minimale Anzahl dieser Schritte stimmt mit der Nilpotenzklasse überein. In der Literatur wird auch $\gamma_k(G)$ für das k-te Glied der absteigenden Zentralreihe einer Gruppe $G$ als Bezeichnung verwendet.

Die Gruppe $Q(A)$ operiert auch per Konjugation auf der additiven Gruppe von $A$. Bzgl. dieser Operation gibt es auch eine Zentralreihe, und zwar ist sie definiert durch $X_0(Q(A)) := \{0\}$ und $X_n(Q(A)) := \{x \mid x \in Q(A), \forall a \in Q(A) : x^{(a)} - x \in X_{n-1}(Q(A))\}$ für alle $n \in \mathbb{N}$.

Des Weiteren definieren wir für eine Radikal-Algebra $A$ induktiv $W_0(A) := \{0\}$ und $W_n(A) := \{w \mid w \in A, \forall a \in A : a^{(w)} - a \in W_{n-1}(A)\}$ für alle $n \in \mathbb{N}$.

Wir schildern nun, wie die Nilpotenz von $Q(A)$ und $A^\circ$ für Radikal-Algebren und insbesondere ihre aufsteigenden Zentralreihen zusammenhängen. $\diamond$

## 2.2 Resultate von Stephen Arthur Jennings, Hartmut Laue und Xiankun Du

Eine erste Einsicht über nilpotente Zusammenhänge zwischen der Gruppenstruktur von $Q(A)$ und der Lie-Struktur von $A^\circ$ konnte Stephen Arthur Jennings 1955 (siehe [29]) für Radikal-Algebren beweisen:

**Satz 1** *(Jennings, 1955) Sei $A$ eine Radikal-Algebra. Genau dann ist $A^\star$ nilpotent, wenn $A^\circ$ nilpotent ist.*$\diamond$

Stephen Arthur Jennings[2] vermutete zudem, dass für Radikal-Algebren $A$ sogar die Nilpotenzklassen von $A^\star$ und $A^\circ$ übereinstimmen. 1984 konnte

[2] Stephen Arthur Jennings (May 11, 1915 to February 2, 1979) was a mathematician who made significant breakthroughs in the study of modular representation theory (1941). His advisor was Richard Brauer, and his student Rimhak Ree discovered two infinite series of finite simple groups known as the Ree groups. He was an editor of Mathematics Magazine and an acting president of the University of Victoria. Stephen was born in Walthamstow, England and immigrated to Canada with his family in 1928. He had been receiving scholarships in England and these were transferred to Canada. He finished his high school education in Toronto and in September 1932 he went to University College in Toronto. In 1939 he received his PHD from the University of Toronto. He married Dorothy Freeda Rintoul (University of Western University - B.A. and University of Toronto M.A. Psychology) in 1939. On November 14, 1942 he became a member of the Zeta Psi fraternity. When he was made a professor, he was the youngest professor ever appointed in Canada. In 1944 Stephen was appointed 2nd Lieutenant (Paymaster) in Canadian Army. While in Vancouver, teaching at the University of British Columbia, Stephen and Dorothy established their family, two children, Judith Anne Jennings and James Stephen Jennings. Stephen was Dean of Graduate Studies at the University of Victoria and the Head of the Math Department there.

Hartmut Laue einen Teil dieser Vermutung in [39] beweisen:

**Satz 2** *(Laue, 1984) Sei $A$ eine assoziative $K$-Algebra. Dann gelten folgende Aussagen:*

*(i) Ist $A = Q(A)$ und $A$ Lie-nilpotent, so ist auch $A^\star$ nilpotent, und es gilt $cl(A^\star) \leq cl(A^\circ)$.*

*(ii) Seien $A$ nil, $K$ ein Körper und $A^\circ$ nilpotent. Dann gilt $Z_n(A^\circ) = Y_n(A^\star)$ für alle $n \in \mathbb{N}_0$.*

*(iii) Ist $Q(A) = A$, so gilt $Z_2(A^\circ) = Y_2(A^\star)$.*$\diamond$

Hartmut Laue vermutete nun, dass für eine Radikal-Algebra $A$ die aufsteigenden Zentralreihen von $A^\star$ und $A^\circ$ in jedem Schritt übereinstimmen. Xiankun Du konnte dies 1992 tatsächlich beweisen (siehe [14]). Damit war auch die Vermutung von Stephen Arthur Jennings vollständig bewiesen.

**Satz 3** *(Du, 1992) Sei $A$ eine assoziative Radikal-Algebra. Dann gilt für alle $n \in \mathbb{N}_0$ die Identität $Z_n(A^\circ) = Y_n(A^\star)$.*

*Insbesondere gilt die Jenning'sche Vermutung: Genau dann ist $A^\star$ nilpotent, wenn $A^\circ$ nilpotent ist. Ist dies der Fall, so gilt $cl(A^\circ) = cl(A^\star)$.*$\diamond$

Durch weiterführende Analysen konnten Karsten Scholz und Hartmut Laue zusätzlich beweisen (siehe [38] und [53]):

**Hauptsatz 1** *(Laue, Scholz, 1996) Sei $A$ eine assoziative Radikal-Algebra. Dann gilt für alle $n \in \mathbb{N}_0$ die Identität $Z_n(A^\circ) = Y_n(A^\star) = X_n(A) = W_n(A)$.*

*Insbesondere sind alle betrachteten Glieder dieser vier Zentralreihen additiv abgeschlossen, assoziative Teilalgebren von $A$, Lie-Ideale von $A^\circ$ und Normalteiler von $A^\star$, die unter allen Automorphismen von $A^\star$ und $A^\circ$ und unter allen $A^\star$-Modul-Automorphismen der additiven Gruppe von $A$ invariant sind.*$\diamond$

Wir beschliessen diesen Abschnitt mit einer Folgerung aus dem Satz von Xiankun Du über die Faktorstücke der aufsteigenden Zentralreihen der quasiregulären Gruppe in positiver Charakteristik $p$: sie sind elementar-$p$-abelsch. Hierbei erkennt man, wie man mit Hilfe des Satzes von Xiankun Du gruppentheoretische Fragestellungen durch Analysen in der Lie-Algebra beantworten kann.

Seien $T$ eine Menge und $i \in \mathbb{N}_0$. Mit $\binom{T}{i}$ bezeichnen wir die Menge der $i$-elementigen Teilmengen von $T$. Bezüglich der natürlichen Ordnung auf $\underline{\lfloor T \rfloor}$ und $T$ gibt es genau eine monotone Bijektion von $\underline{\lfloor T \rfloor}$ auf $T$, die wir mit $\varphi_T$ bezeichnen.

Die folgende elementare Proposition überlassen wir dem Leser als Übungsaufgabe:

**Proposition 1** *Seien $A$ eine assoziative $K$-Algebra, $n \in \mathbb{N}$ und $x_1, \ldots, x_n \in A$. Es gilt* $x_1 * \cdots * x_n = \sum_{i=1}^{n} \sum_{T \in \binom{\underline{n}}{i}} x_{(1\varphi_T)} \cdots x_{(i\varphi_T)}$.$\diamond$

**Folgerung 1** *Sind $A$ eine assoziative $K$-Algebra, $n \in \mathbb{N}$ und $a \in A$, so gelten:*

*(i)* $\underbrace{a * \cdots * a}_{n-mal} = \sum_{i=1}^{n} \binom{n}{i}_K a^i$

*(ii) Ist $p$ eine Primzahl und gilt $char(K) = p$, so gilt* $\underbrace{a * \cdots * a}_{p^n-mal} = a^{(p^n)}$.

**Beweis:** ad(i): Aus Proposition 1 erhalten wir

$$\underbrace{a * \cdots * a}_{n-mal} = \sum_{i=1}^{n} \sum_{T \in \binom{\underline{n}}{i}} a^i = \sum_{i=1}^{n} \mid \binom{\underline{n}}{i} \mid_K a^i = \sum_{i=1}^{n} \binom{n}{i}_K a^i.$$

ad(ii): Da für alle $i \in \underline{p^n - 1}$ die Primzahl $p = char(K)$ ein Teiler von $\binom{p^n}{i}$ ist, folgt (ii) aus (i).$\diamond$

Die folgende elementare Proposition verbleibt auch als Übungsaufgabe für den Leser:

**Proposition 2** *Sind $A$ eine assoziative $K$-Algebra und $x, y \in A$, so gelten:*

*(i)* $\forall n \in \mathbb{N} : x \circ \underbrace{y \circ \cdots \circ y}_{n-mal} = \sum_{k=0}^{n} \binom{n}{k}_K (-1_K)^k y^k x y^{n-k}$.

*(ii) Ist $p$ eine Primzahl mit $char(K) = p$, so gilt* $x \circ \underbrace{y \circ \cdots \circ y}_{p-mal} = x \circ y^p$.$\diamond$

**Satz 4** *Seien $A$ eine $K$-Radikal-Algebra und $p$ eine Primzahl mit $char(K) = p$. Dann gilt für alle $n \in \mathbb{N}$ : $exp(Z_{n+1}(A^*)/Z_n(A^*)) = p$.*

**Beweis:** Nach dem Satz von Xiankun Du (siehe Satz 3) stimmen für alle $n \in \mathbb{N}$ die Mengen $Z_n(A^*)$ und $Z_n(A^\circ)$ überein. Für alle $a \in A$ gilt wegen der Folgerung 1 die Identität $\underbrace{a * \cdots * a}_{p-mal} = a^p$. Die Behauptung folgt nun leicht aus Proposition 2.$\diamond$

Wir merken an, dass der Exponent des Zentrums nicht unbedingt $p$ sein muss und verweisen hierzu z.B. auf die Ausführungen des Autors in [68] zum Exponenten des Zentrums der Gruppenalgebra in dem Fall einer $p$-Gruppe und eines (endlichen) Körpers der Charakteristik $p$. In diesem Kontext kann aber der vorherige Satz auf die Faktorstücke der aufsteigenden Zentralreihe angewendet werden, und zusätzlich ist das Radikal bzgl. Nilpotenz mit dem Satz von Xiankun Du analysierbar. Dazu sind einige Übungsaufgaben dem Leser zugedacht, um das Wechselspiel zwischen Lie- und Gruppentheorie selber erleben zu können.

Wir betrachten nun einige unserer Standard-Beispiele, bei denen wir die bisherigen Ergebnisse anwenden.

## 2.3 Standard-Beispiele

### 2.3.1 Dreiecksmatrizen

Seien $K$ ein Körper und $n \in \mathbb{N}$. Die Algebren der unteren und oberen Dreiecksmatrizen sind Beispiele für auflösbare assoziative $K$-Algebren mit einer Radikalfaktorstruktur, die zum $n$-fachen Produkt von $K$ mit sich selbst isomorph ist.

Die Algebra der unteren Dreiecksmatrizen von $K^{n\times n}$ - in Zeichen $\delta_{u,n}$ - besitzt als Radikal die Menge der strikt unteren Dreiecksmatrizen - in Zeichen $s\delta_{u,n}$. Dieses hat die Dimension $\sum\limits_{i=1}^{n-1} i = \frac{1}{2}(n-1)n$. Die Diagonalmatrizen $D(n,K)$ sind ein Radikalkomplement der Dimension $n$, welches selbstzentral ist.

Die Algebra der oberen Dreiecksmatrizen von $K^{n\times n}$ - in Zeichen $\delta_{o,n}$ - besitzt als Radikal die Menge der strikt oberen Dreiecksmatrizen - in Zeichen $s\delta_{o,n}$. Dieses hat ebenfalls die Dimension $\sum\limits_{i=1}^{n-1} i = \frac{1}{2}(n-1)n$. Die Diagonalmatrizen $D(n,K)$ sind auch ein Radikalkomplement der Dimension $n$, welches wiederum selbstzentral ist.

Bekanntlich besitzen die strikt oberen und strikt unteren Dreiecksmatrizen die assoziative Nilpotenzklasse $n$, also $cl(s\delta_{o,n}) = cl(s\delta_{u,n}) = n$. In [69] wird für assoziative Algebren mit einem selbstzentralem und zu einem direkten Produkt von Grundkörpern isomorphen Radikalkomplement bewiesen, dass die assoziativen Radikalpotenzen mit den Gliedern der absteigenden Lie-Zentralreihe übereinstimmen. Daraus erhalten wir nun mit dem Satz von Xiankun Du (siehe Satz 3) für die Nilpotenzklassen:

**Satz 5** *Seien $K$ ein Körper und $n \in \mathbb{N}$. Dann gelten:*

*(i)* $cl(s\delta_{o,n}) = cl(s\delta_{u,n}) = n$

*(ii)* $cl(s\delta_{o,n}{}^{\circ}) = cl(s\delta_{u,n}{}^{\circ}) = n$

*(iii)* $cl(s\delta_{o,n}{}^{\star}) = cl(s\delta_{u,n}{}^{\star}) = n$ .◇

### 2.3.2 Solomon-Algebren in Charakteristik Null

Seien $K$ ein Körper der Charakteristik Null und $n \in \mathbb{N}$. Mit $D_n$ bezeichnen wir die Solomon-Algebra. Sie ist das $K$-Erzeugnis der Klassensummen zu sog. Defektklassen in $KS_n$: ist $\alpha \in S_n$, so sei $D(\alpha) := \{i \mid i\alpha > (i+1)\alpha\}$. Die Solomon-Algebra ist das $K$-Erzeugnis von $\{\sum_{D(\alpha)=D} \alpha \mid D \subseteq \underline{n-1}\}$. Die erstaunliche Einsicht von Louis Solomon war es, dass das Produkt zweier Defektklassensummen wieder eine Linearkombination von Defektklassensummen ist. Die Solomon-Algebra besitzt die Dimension $2^{n-1}$, die Radikalfaktorstruktur ist von der Dimension $p(n)$ - die Anzahl der Partitionen von $n$ – und ist zu $K^{p(n)}$ isomorph. Auch hier sind alle Radikalkomplemente selbstzentral. Für genauere Ausführungen hierzu betrachte der Leser z.B. die Dissertation von Thorsten Bauer [4], insbesondere Kapitel 3, wo auch Beschreibungen des Radikals und der Radikalkomplemente zu finden sind.

Wie bereits erwähnt, wird vom Autor in [69] allgemein bewiesen, daß die Radikalpotenzen im assoziativen Sinne mit den Gliedern der absteigenden Lie-Zentralreihe übereinstimmen. Daraus erhalten wir mit einem Satz von Michael D. Atkinson (siehe [1]), nach dem die assoziative Nilpotenzklasse des Radikals von $D_n$ genau $n-1$ ist, sowie mit dem Satz von Xiankun Du (siehe Satz 3):

**Satz 6** *Seien $K$ ein Körper der Charakteristik Null und $n \in \mathbb{N}$. Dann gilt* $cl(rad(D_n)) = cl(rad(D_n)^{\circ}) = cl(rad(D_n)^{\star}) = n-1$.◇

### 2.3.3 Solomon-Tits-Algebren

Seien $K$ ein Körper und $n \in \mathbb{N}$. Mit $S(n,k)$ bezeichnen wir die sog. Stirling-Zahlen zu $k \in \underline{n}_0$. Sie ist die Anzahl der ungeordneten Mengenpartitionen von $\underline{n}$, die genau aus $k$ Teilmengen bestehen. In [69] wird die Solomon-Tits-Algebra $K\Pi_n$ ausführlich diskutiert. Sie ist definiert als die Monoidalgebra $K\Pi_n$ zu dem Monoid $\Pi_n$. Dieses Monoid besteht aus den geordneten Mengenpartitionen von $\underline{n}$. Sind $(P_1, \cdots, P_l)$ und $(Q_1, \cdots, Q_k)$ zwei geordnete Mengenpartitionen, so ist ihr Produkt definiert durch

$$(P_1, \cdots, P_l) \wedge_n (Q_1, \cdots, Q_k) :=$$
$$(P_1 \cap Q_1, P_1 \cap Q_2, \cdots, P_1 \cap Q_k, \cdots, P_l \cap Q_1, P_l \cap Q_2, \cdots, P_l \cap Q_k)^{\emptyset}.$$

Das Symbol $^{\emptyset}$ bedeutet, das leere Mengen aus diesem Tupel entfernt werden. $K\Pi_n$ ist wiederum ein Beispiel für eine assoziative Algebra mit einer Radikalfaktorstruktur, die zu einem direkten Produkt von Grundkörpern isomorph ist und ein selbstzentrales Radikalkomplement besitzt.

Für das Radikal von $K\Pi_n$ gibt es mehrere Beschreibungen, auf die wir hier nicht näher eingehen (siehe z.B. Kapitel 2 in [69]). Es besitzt die Dimension $dim_K(rad(K\Pi_n)) = \sum_{k=0}^{n} (k! - 1)\, S(n,k)$ (siehe Folgerung 8 in [69]). Die Radikalfaktorstruktur hat die Dimension $B(n)$ – die sog. Bell-Zahl zu n.

Wiederum folgt aus [69], daß die Radikalpotenzen im assoziativen Sinne mit den Gliedern der absteigenden Lie-Zentralreihe übereinstimmen. Daraus erhalten wir mit einem Satz von Manfred Schocker (siehe [52]), nach dem die assoziative Nilpotenzklasse des Radikals von $K\Pi_n$ genau $n$ ist, sowie mit dem Satz von Xiankun Du (siehe Satz 3):

**Satz 7** *Seien $K$ ein Körper und $n \in \mathbb{N}$. Dann gilt*
$cl(rad(K\Pi_n)) = cl(rad(K\Pi_n)^{\circ}) = cl(rad(K\Pi_n)^{\star}) = n$.$\diamond$

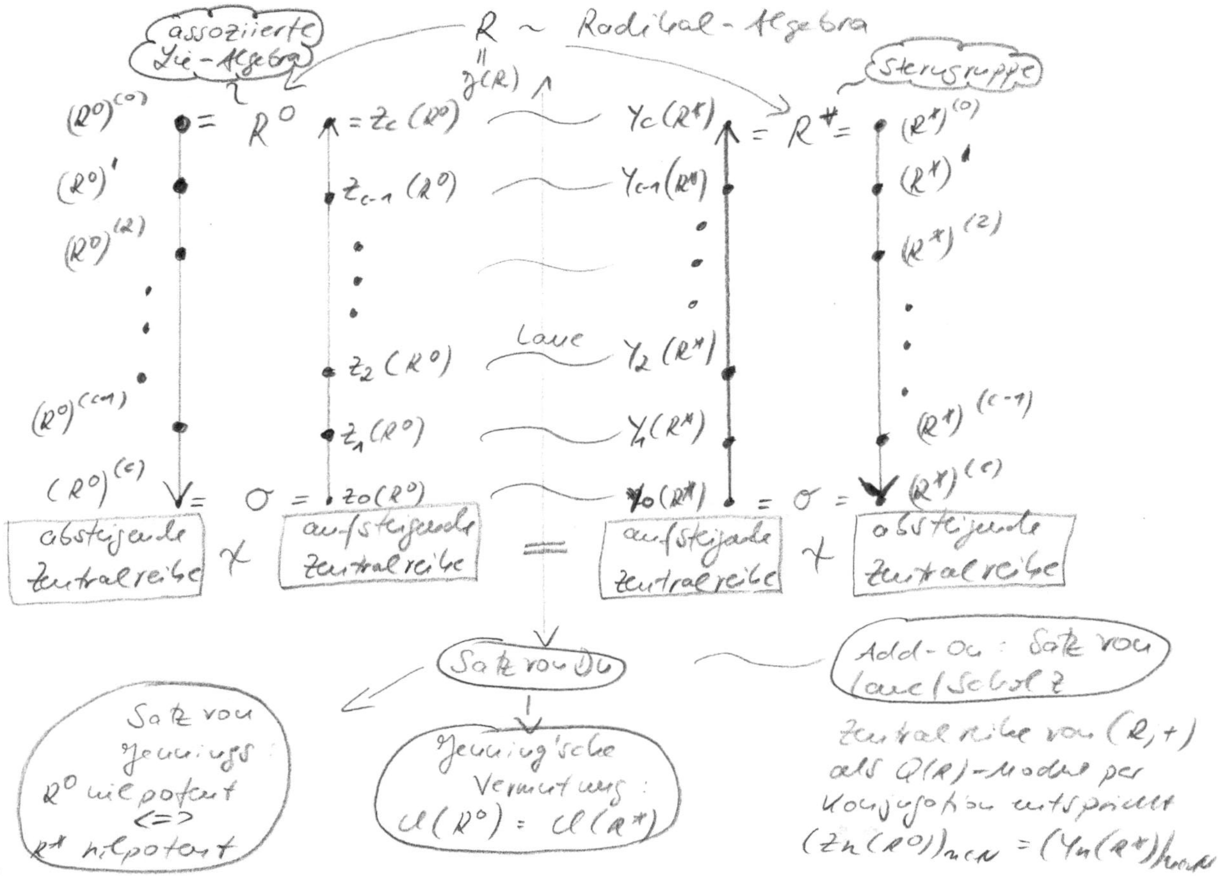

R ~ Radikal-Algebra
assoziierte Lie-Algebra
Sterngruppe
$R^0$
$R^*$
$Z(R)$
$(R^0)^{(0)}$
$(R^0)'$
$(R^0)^{(2)}$
$(R^0)^{(c-1)}$
$(R^0)^{(c)}$
$Z_c(R^0)$
$Z_{c-1}(R^0)$
$Z_2(R^0)$
$Z_1(R^0)$
$Z_0(R^0)$
$Y_c(R^*)$
$Y_{c-1}(R^*)$
$Y_2(R^*)$
$Y_1(R^*)$
$Y_0(R^*)$
$(R^*)^{(0)}$
$(R^*)'$
$(R^*)^{(2)}$
$(R^*)^{(c-1)}$
$(R^*)^{(c)}$
Laue
absteigende Zentralreihe
aufsteigende Zentralreihe
aufsteigende Zentralreihe
absteigende Zentralreihe
Satz von Du
Satz von Jennings: $R^0$ nilpotent <=> $R^*$ nilpotent
Jennings'sche Vermutung: $cl(R^0) = cl(R^*)$
Add-On: Satz von Laue/Scholz
Zentralreihe von $(R,+)$ als $Q(R)$-Modul per Konjugation entspricht $(Z_n(R^0))_{n\in N} = (Y_n(R^*))_{n\in N}$

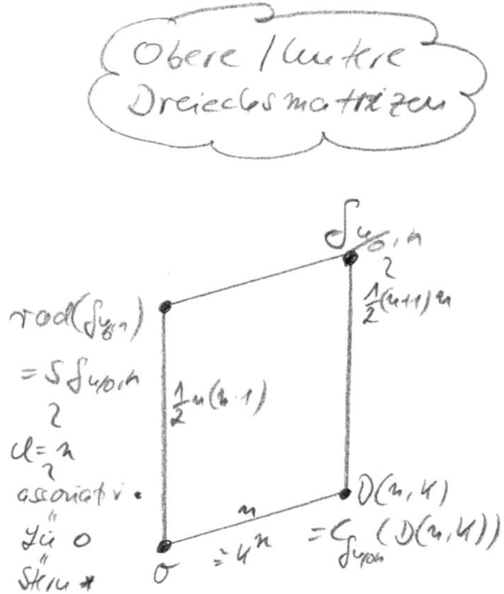
Obere / Untere Dreiecksmatrizen
rad(S_{up,n}) = S_{up,n}
Lie o
Stern *
σ
D(n,K)


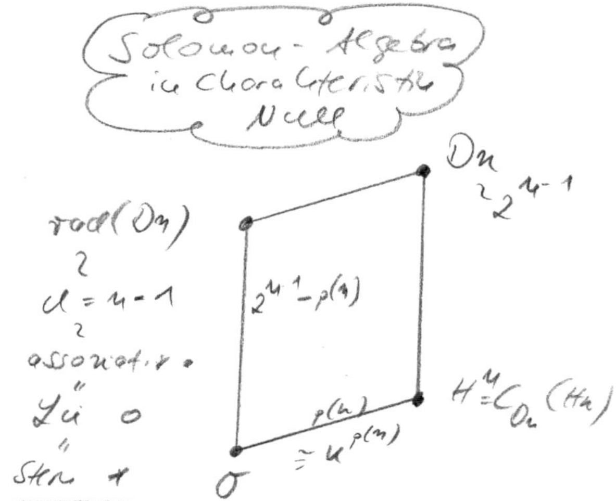
Solomon-Algebra in Charakteristik Null
rad(D_n)
assoziativ •
Lie o
Stern *
σ
D_n


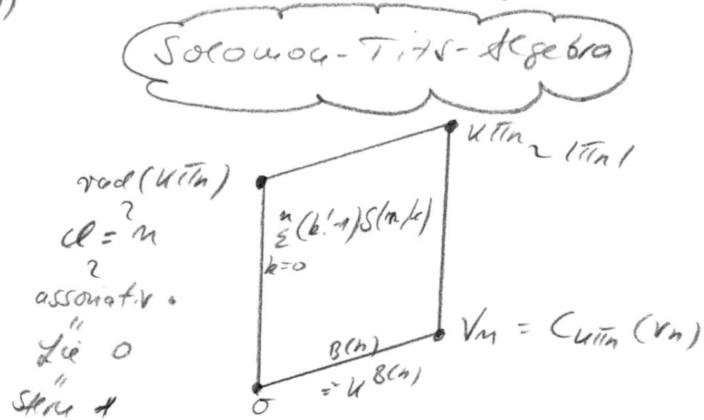
Solomon-Tits-Algebra
rad(KΠ_n)
assoziativ •
Lie o
Stern *
σ
KΠ_n

## 2.4 Offene Fragen und Übungsaufgaben

**Offene Fragen 1** *(i) Gilt ein Pendant zum Satz von Du für Radikal-Algebren bzgl. Auflösbarkeit statt für Nilpotenz?*

*(ii) Sind die Faktorstücke der absteigenden Zentralreihe der quasiregulären Gruppe für Radikal-Algebren in positiver Charakteristik auch elementar-abelsch (bis auf die Kommutatorfaktorgruppe selbst)?*

*(iii) Wie gross sind die elementar-abelschen Faktorgruppen entlang der aufsteigenden Zentralreihe (bis auf das Zentrum selbst) für Radikal-Algebren oder speziell für Radikale von Gruppen-Algebren?*

**Übungsaufgabe 2** *Man beweise Proposition 1!*

**Übungsaufgabe 3** *Man beweise Proposition 2!*

**Übungsaufgabe 4** *Seien $K$ ein Körper und $n \in \mathbb{N}$. Man stelle die Nilpotenzklassen von Satz 5 für $n \leq 20$ tabellarisch zusammen. Man ermittle zudem die Dimensionen der Algebra, der Radikalfaktoralgebra und der Radikalkomplemente. Sind diese Zahlen für beliebiges $n$ konvergent oder divergent?*

**Übungsaufgabe 5** *Seien $K$ ein Körper und $n \in \mathbb{N}$. Man stelle die Nilpotenzklassen von Satz 7 für $n \leq 20$ tabellarisch zusammen. Man ermittle zudem die Dimensionen der Algebra, der Radikalfaktoralgebra und der Radikalkomplemente. Sind diese Zahlen für beliebiges $n$ konvergent oder divergent?*

**Übungsaufgabe 6** *Seien $K$ ein Körper mit $char(K) = 0$ und $n \in \mathbb{N}$. Man stelle die Nilpotenzklassen von Satz 6 für $n \leq 20$ tabellarisch zusammen. Man ermittle zudem die Dimensionen der Algebra, der Radikalfaktoralgebra und der Radikalkomplemente. Sind diese Zahlen für beliebiges $n$ konvergent oder divergent?*

**Übungsaufgabe 7** *Sei $A$ eine assoziative $K$-Algebra und $c \in K$. Definieren wir $a \star_c b := a + b + cab$, so ist $A$ mit $\star_c$ ein Monoid mit neutralem Element $0$. Sind $c, d$ Einheiten in $(K; \cdot)$, so sind $(A; \star_c)$ und $(A; \star_d)$ isomorphe Monoide. Sind sie zu $(A; \star)$ isomorph?*

**Übungsaufgabe 8** *Ist $A$ eine assoziative unitäre $K$-Algebra, so sind $(A; \cdot)$ und $(A; \star)$ isomorphe Monoide. Was bedeutet dies für ihre Einheitengruppen?*

**Übungsaufgabe 9** *Man berechne $Q(A)$ in den folgenden Fällen einer assoziativen $K$-Algebra $A$:*

*(i)* $A = \mathbb{Z}$

*(ii)* *A ist ein Körper.*

*(iii)* *A ist ein Schiefkörper.*

*(iv)* $A = K^{2\times 2}$

*(v)* *A ist nilpotent.*

*(vi)* *A ist nil.*

*(vii)* *A ist eine Radikal-Algebra.*

*(viii)* *Was gilt für die Invers-Algebra von A?*

*(ix)* *Was gilt für direkte Produkte von Algebren?*

*(x)* *A ist unitär.*

*(xi)* *A ist eine semidirekte Zerlegung aus dem Radikal und einem Radikalkomplement.*

*Welche der Algebren sind Radikal-Algebren? Unter welchen Bedingungen sind sie es ggfs.?*

**Übungsaufgabe 10** *Seien $A$ eine assoziative $K$-Algebra und $z \in A$. Wann stimmt die Menge $\{x - xz \mid x \in A\}$ mit $A$ überein? Wann gilt dies für $\{x - zx \mid x \in A\}$?*

**Übungsaufgabe 11** *Seien $A$ eine Radikal-$K$-Algebra und $c$ eine Einheit von $K$. Dann gilt für alle $n \in \mathbb{N}_0$ die Identität $Y_n((A;\star)) = Y_n((A;\star_c))$. (Tip: Der Satz von Xiankun Du, siehe auch Übung 7)*

**Übungsaufgabe 12** *Seien $K$ ein Körper und $G$ eine endliche Gruppe. Das Zentrum von $KG$ ist von den Konjugiertenklassen-Summe $K$-linear erzeugt.*

**Übungsaufgabe 13** *Seien $p$ eine Primzahl, $K$ ein Körper der Charakteristik $p$ und $P$ eine $p$-Gruppe. Man zeige bzw. analysiere folgende Aussagen und Fragen:*

*(i)* *Das Radikal $rad(KP)$ stimmt mit dem Augmentationsideal $Aug(KP) = \langle\{g-1 \mid g \in P\}\rangle_K$ überein. (Tip: Die Elemente $g-1$ sind nilpotent und erzeugen ein Ideal. Man verwende einen Satz von Joseph Wedderburn!)*

*(ii)* *$K1_G$ ist ein zentrales Radikalkomplement.*

*(iii)* *$KG^\circ$ ist nilpotent, und die Nilpotenzklasse entspricht der von $rad(KG)^\circ$.*

*(iv)* *$E(KG)$ ist direktes Produkt von $1 + rad(KG)$ und $(K \setminus \{0\})1_G$.*

(v) *Was ist die quasireguläre Gruppe von $KG$?*

(vi) *$G$ ist in $1 + rad(KG)$ enthalten.*

(vii) *Welche Ordnung besitzt die Gruppe $1 + rad(KG)$ für einen endlichen Körper?*

(viii) *Was lässt sich im endlichen Fall von $K$ über die Faktorstücke der aufsteigenden Zentralreihe von $1 + rad(KG)$ aussagen?*

(ix) *Wie kann man den Satz von Xiankun Du hierbei anwenden?*

**Übungsaufgabe 14** *Seien $K$ ein endlicher Körper der Charakteristik 2 und $G = Q_8$ oder $G = D_8$. Man berechne die aufsteigende Zentralreihe von $rad(KG)^\circ$, berechne die Nilpotenzklasse von $1 + rad(KG)$ und zerlege das Zentrum sowie sämtliche Faktorstücke der aufsteigenden Zentralreihe von $1+rad(KG)$ bis auf Isomorphie in zyklische Gruppen. (Tip: Übung 13, Satz von Xiankun Du und Satz 4)*

**Übungsaufgabe 15** *Man beweise das folgende Zitat:*

> *Da für alle $i \in \underline{p^n - 1}$ die Primzahl $p = char(K)$ ein Teiler von $\binom{p^n}{i}$ ist,...*

*Wo wurde es in diesem Kapitel benutzt?*

**Übungsaufgabe 16** *Seien $A, B$ assoziative Radikal-Algebren. Ist dann auch $A \times B$ eine Radikal-Algebra? Falls ja, wende man den Satz von Xiankun Du auf $A \times B$ an. Wie kann man die Zentralreihen von direkten Produkten berechnen?*

**Übungsaufgabe 17** *Seien $A$ eine assoziative $K$-Algebra und $e$ ein Idempotent von $A$. Man untersuche, ob mit $A$ auch $eAe$ eine Radikal-Algebra ist. (Tip: Man schlage in der Literatur die Bestimmung des Radikals von $eAe$ nach!)*

**Übungsaufgabe 18** *Sei $A$ eine $K$-Algebra vermöge der Multiplikation $\cdot$. Auf $B := A \times A$ definieren wir eine neue Multiplikation $\odot$ vermöge $(a, x) \odot (b, y) := (ab, ay + xb)$. Man untersuche, ob mit $A$ auch $B$ eine Radikal-Algebra ist.*

**Übungsaufgabe 19** *Sei $K$ ein Körper. Man ermittle die aufsteigende Zentralreihe von $s\delta_{u,3}$ und $s\delta_{u,4}$. Für endliches $K$ mit positiver Charakteristik $p$ zerlege man die Faktorstücke der Zentralreihe bis auf das Zentrum selbst zyklische $p$-Gruppen. Wie kann das Zentrum zerlegt werden? Gibt es eine Vermutung für $s\delta_{u,n}$?*

**Übungsaufgabe 20** *Sei $K$ ein Körper. Man ermittle die aufsteigende Zentralreihe von $s\delta_{o,3}$ und $s\delta_{o,4}$. Für endliches $K$ mit positiver Charakteristik $p$ zerlege man die Faktorstücke der Zentralreihe bis auf das Zentrum selbst zyklische $p$-Gruppen. Wie kann das Zentrum zerlegt werden? Gibt es eine Vermutung für $s\delta_{o,n}$?*

**Übungsaufgabe 21** *Man bestimme die Defektklassen aller Elemente von $S_3$ und $S_4$! Anschliessend berechnen man alle zweistelligen Produkte aller Defektklassensummen (auch die Quadrate).*

**Übungsaufgabe 22** *Sei $A$ eine assoziative nilpotente $K$-Algebra. Dann sind auch $A^\circ$ und $A^\star$ nilpotent, und es gilt die Beziehung $cl(A) \geq cl(A^\circ) = cl(A^\star)$. (Tip: die absteigende Lie-Zentralreihe mit assoziativen Potenzen abschätzen, Satz von Xiankun Du anwenden)*

**Übungsaufgabe 23** *Seien $K$ ein Körper und $A$ eine endlich-dimensionale assoziative $K$-Algebra mit selbstzentralem Radikalkomplement und einer zu einem direkt Produkt von Grundkörpern $K$ isomorphen Radikalfakorstruktur. Dann gilt $cl(rad(A)) = cl(rad(A)^\circ) = cl(rad(A)^\star)$. (Tip: [69] für die absteigende Zentralreihe, anschliessend den Satz von Xiankun Du anwenden)*

**Übungsaufgabe 24** *Seien $A$ eine assoziative $K$-Algebra, $x_1, \ldots, x_n \in A$ und $n \in \mathbb{N}$. Was ist $x_1 * \cdots * x_n$ für $n \leq 3$? In der reellen Quaternionenalgebra ermittle man zudem $i \star j$ und $i \star j \star k$.*

**Übungsaufgabe 25** *Man wiederhole die vorherige Übungsaufgabe 24 mit $\underbrace{x_1 * \cdots * x_1}_{n-mal}$. Was gilt in der reelen Quaternionenalgebra für $x_1 \in \{i, j, k\}$?*

**Übungsaufgabe 26** *Sei $K := GF(3)$. In $K^{2\times 2}$ ermittle man zwei nicht vertauschbare Matrizen $A, B$ und ermittle $A \circ B$, $A \circ B \circ B$ und $A \circ B \circ B \circ B$. Was passiert, wenn $A$ und $B$ die Rollen tauschen? Was passiert für $GF(2)$ statt für $GF(3)$?*

**Übungsaufgabe 27** *Was passiert in der vorherigen Übungsaufgabe 26, wenn man $\circ$ durch $*$ ersetzt?*

**Übungsaufgabe 28** *Was gilt in Folgerung 1, wenn man $\star$ durch $\star_c$ ersetzt? Ist es dabei interessant, ob $c$ eine Einheit ist? (siehe auch Übungsaufgabe 7)*

**Übungsaufgabe 29** *Man zeige, dass in einer assoziativen Algebra jedes nilpotente Element quasiregulär ist.*

**Übungsaufgabe 30** *Sei $A$ eine assoziative $K$-Algebra. Dann kann $A$ in eine unitäre assoziative $K$-Algebra $A^K$ eingebettet werden (siehe z.B. Band I für eine genaue Definition und Konstruktion). Wie hängen die quasiregulären Gruppen von $A$ und $A^K$ sowie die Einheitengruppe von $A^K$ miteinander zusammen?*

**Übungsaufgabe 31** *Man zeige, dass in einer endlich-dimensionalen assoziativen unitären Algebra jedes Element entweder eine Einheit oder ein Nullteiler ist (siehe auch [69]). Was ist die Definition eines Nullteilers?*

**Übungsaufgabe 32** *Man versuche, mit Hilfe der Übungsaufgabe 30 eine analoge Aussage für nicht notwendig-unitäre Algebren zu treffen, wie sie in Übungsaufgabe 31 ausgesagt wird.*

# Kapitel 3

# Auflösbarkeit

Wir zeigen in diesem Kapitel für eine endlich-dimensionale assoziative unitäre $K$-Algebra, inwieweit die Auflösbarkeit im assoziativen Sinne, die ihrer assoziierten Lie-Algebra und die ihrer Einheitengruppe zusammenhängen. Dabei zeigt sich, dass im Falle ungerader Charakteristik des Körpers alle drei Auflösbarkeiten äquivalent sind.

Ein analoges Resultat zum Satz von Xiankun Du für die auflösbaren Stufen ist dem Autor bis dato nicht bekannt. In unseren Standardbeispielen zeigen sich für die auflösbaren Stufen der drei Strukturen jedoch enge Beziehungen auf.

## 3.1 Assoziative und Lie-Auflösbarkeit

**Definition und Bemerkung 2** Sei $A$ eine assoziative $K$-Algebra. $A$ heißt auflösbar, wenn $A/rad(A)$ kommutativ ist.

Für eine Lie-Algebra $L$ bzw. für eine Gruppe $G$ sei $(L^{[n]})_{n\in\mathbb{N}}$ bzw. $(G^{[n]})_{n\in\mathbb{N}}$ die Folge der Ableitungen (oder auch absteigende Kommutatorreihe) von $L$ bzw. von $G$. $L$ bzw. $G$ heißt auflösbar, wenn die absteigende Kommutatorreihe in endlich vielen Schritten die triviale Teilalgebra bzw. Untergruppe erreicht. Die minimale Zahl dieser Schritte nennt man auflösbare Stufe – in Zeichen $st(L)$ bzw. $st(G)$.

Auch für die assoziative Algebra $A$ kann die auflösbare Stufe definiert werden. Dazu betrachte man zu jedem $n \in \mathbb{N}$ das Idealerzeugnis in $A$ von $(A^\circ)^{[n]}$. $A$ ist genau dann auflösbar, wenn es ein $m \in \mathbb{N}$ gibt, so dass das Idealerzeugnis von $(A^\circ)^{[m]}$ gleich Null ist. Das minimale $m$ ist die auflösbare Stufe von $A$ – in Zeichen $st(A)$. Offenbar gilt $st(A) \geq st(A^\circ)$.$\diamond$

**Proposition 3** *Ist $A$ eine assoziative endlich-dimensionale auflösbare $K$-Algebra, so ist $A^\circ$ auflösbar.*

<u>**Beweis**</u>. Da $A$ auflösbar ist, gilt $A^\circ \circ A^\circ \subseteq rad(A)$. Aus der Nilpotenz von $rad(A)$ folgt auch die von $rad(A)^\circ$. Da $rad(A)^\circ$ eine Teilalgebra von $A^\circ$ ist, ergibt sich die Nilpotenz von $A^\circ \circ A^\circ$. Damit ist $A^\circ$ auflösbar. $\diamond$

Um die Rückrichtung dieser Proposition zu beweisen, benutzen wir ein bekanntes Verfahren aus der Algebrentheorie: Zunächst beweisen wir die Umkehrung der Proposition 3 für zentrale Divisionsalgebren, dann für Divisionsalgebren, als nächstes für einfache Algebren, danach für halbeinfache Algebren und schließlich für beliebige Algebren. Zur Realisierung dieses Programms sind die folgenden beiden Bemerkungen gedacht.

**Bemerkung 1** *Seien $K$ ein Körper und $A, B$ assoziative unitäre $K$-Algebren. Es gelten:*

*(i) Für alle $a, c \in A$ und $b, d \in B$ gilt*
$(a \otimes b) \circ (c \otimes d) = (a \circ c) \otimes bd + ca \otimes (b \circ d)$.

*(ii) Ist $A^\circ$ auflösbar und $B^\circ$ abelsch, so ist $(A \otimes_K B)^\circ$ auflösbar.*

<u>**Beweis**</u>. ad(i): Die Behauptung in (i) ergibt sich durch einfaches Nachrechnen.

ad(ii): Da $B^\circ$ abelsch ist, gilt für alle $x, y \in A$ und $c, d \in B$ nach (i): $(*)$ $(x \otimes c) \circ (y \otimes d) = (x \circ y) \otimes (cd)$.
Sei $T := A \otimes_K B$. Aus $(*)$ folgt mit einer leichten Induktion, daß für alle $m \in \mathbb{N}$ die Identität $(T^\circ)^{[m]} \subseteq (A^\circ)^{[m]} \otimes_K B$ gilt. Da $A^\circ$ auflösbar ist, ergibt sich (ii) aus der Auflösbarkeit von $A^\circ$. $\diamond$

In der zweiten Bemerkung werden wir u.a. zu Matrixalgebren assoziierte Lie-Algebren auf Auflösbarkeit untersuchen. Besitzt der Körper die Charakteristik Null, so sind in diesen Algebren bekanntlich einfache Lie-Algebren enthalten, was bedeutet, daß diese Lie-Algebren nicht auflösbar sind. Im Fall einer beliebigen Charakteristik zeigt sich bezüglich der Auflösbarkeit das folgende Bild:

**Beispiel 1** (i) Sei $K$ ein Körper. Dann ist $A := K^{2\times 2}$ eine einfache assoziative $K$-Algebra. Wir zeigen, daß $A^\circ$ genau dann auflösbar ist, wenn $char(K) = 2$ gilt. Sei dazu $B := \{e_{11}, e_{12}, e_{21}, e_{22}\}$ die Standardbasis von $A$. (Dabei ist $e_{ij}$ die Matrix, deren $i$–$j$-Eintrag genau 1 ist und die sonst nur aus Nullen besteht.) Man rechnet leicht nach, daß $e_{22} \circ e_{21} = e_{21}$, $e_{22} \circ e_{12} = -e_{12}$, $e_{22} \circ e_{11} = 0_A$, $e_{21} \circ e_{12} = e_{22} - e_{11}$, $e_{21} \circ e_{11} = e_{21}$ und $e_{12} \circ e_{11} = -e_{12}$ gelten. Also gilt $(A^\circ)^{[1]} = \langle e_{21}, e_{12}, e_{22} - e_{11}\rangle_K$. Weiter gelten $e_{21} \circ e_{12} = e_{22} - e_{11}$, $e_{21} \circ (e_{22} - e_{11}) = -2_K e_{21}$ und $e_{12} \circ (e_{22} - e_{11}) = -2_K e_{12}$. Ist nun $char(K) = 2$, so gelten $(A^\circ)^{[2]} = \langle e_{22} - e_{11}\rangle_K$ und $(A^\circ)^{[3]} = \{0_A\}$ (also $st(A^\circ) = 3$), andernfalls gilt $(A^\circ)^{[1]} = (A^\circ)^{[2]}$.

(ii) Seien $K$ ein Körper und $n \in \mathbb{N}_{\geq 3}$. Dann ist $(K^{n\times n})^\circ$ nicht auflösbar. Sei dazu $\{e_{ij} \mid 1 \leq i,j \leq n\}$ die Standardbasis von $K^{n\times n}$. Es reicht zu zeigen, daß $(K^{3\times 3})^\circ$ nicht auflösbar ist, da $(K^{n\times n})^\circ$ eine zu $(K^{3\times 3})^\circ$ isomorphe Teilalgebra enthält. Es gelten $e_{11} \circ e_{12} = e_{12}$, $e_{11} \circ e_{13} = e_{13}$, $e_{11} \circ e_{31} = -e_{31}$, $e_{21} \circ e_{22} = e_{21}$, $e_{23} \circ e_{33} = e_{23}$, $e_{32} \circ e_{33} = -e_{32}$, $e_{12} \circ e_{21} = e_{11} - e_{22}$ und $e_{13} \circ e_{31} = e_{11} - e_{33}$. Weiter gelten $e_{12} \circ e_{21} = e_{11} - e_{22}$, $e_{13} \circ e_{31} = e_{11} - e_{33}$, $e_{12} \circ e_{23} = e_{13}$, $e_{13} \circ e_{32} = e_{12}$, $e_{32} \circ e_{21} = e_{31}$, $e_{21} \circ e_{13} = e_{23}$, $e_{23} \circ e_{31} = e_{21}$ und $e_{31} \circ e_{12} = e_{32}$. Dies zeigt $\langle e_{12}, e_{13}, e_{21}, e_{23}, e_{31}, e_{32}, e_{11} - e_{22}, e_{11} - e_{33}\rangle_K \subseteq ((K^{3\times 3})^\circ)^{[n]}$ für alle $n \in \mathbb{N}$. Also ist $(K^{3\times 3})^\circ$ nicht auflösbar. Insbesondere gilt $st(A^\circ) = 3$.

(iii) Seien $K$ ein Körper, $char(K) = 2$ und $A$ eine 4-dimensionale zentraleinfache assoziative unitäre Algebra. Nach [35] gibt es eine $K$-Basis $B := \{1_A, i, j, k\}$ von $A$ und $a \in K, b \in K\backslash\{0_K\}$, so daß $i^2+i = a1_A$, $j^2 = b1_A$ und $ij = k = j(i+1_A)$ gelten. Diese Algebren nennt man auch Quaternionenalgebren. Wir zeigen, daß $A^\circ$ auflösbar ist. Es gelten $i \circ j = ij+ji = j$, $i \circ k = ik+ki = i(ij)+(ji+j)i = (i+a1_A)j+j(i+a1_A)+ji = ij+aj+ji+aj+ji = ij = k$ und $j \circ k = jk+kj = j(ji+j)+ij^2 = j^2i+j^2+ij^2 = bi+j^2+bi = j^2 = b1_A$. Daraus ergibt sich $(A^\circ)^{[1]} = \langle j, k, b1_A\rangle_K$. Also gilt $(A^\circ)^{[2]} = \langle b1_A\rangle_K$ und damit $(A^\circ)^{[3]} = \{0_A\}$. $\diamond$

Nun beginnen wir mit dem angesprochenen Verfahren. Das folgende Lemma, das einen Induktionsanfang darstellt, ist dabei eine Schlüsselaussage.

**Lemma 1** *Seien $K$ ein Körper und $D$ eine zentral-einfache und endlich-dimensionale assoziative $K$-Divisionsalgebra. Ist $char(K) = 2$, so sei die $K$-Dimension von $D$ ungleich 4. Es sind äquivalent:*

*(i) $D$ ist auflösbar.*

*(ii) $D = K1_A$*

*(iii) $D^\circ$ ist auflösbar.*

**Beweis**. Wegen $rad(D) = \{0\}$ sind (i) und (ii) äquivalent. Aus Proposition 3 folgt, daß nur noch die Implikation von (iii) nach (ii) zu zeigen ist.
Es gelte also (iii). Sei $L$ ein maximaler Teilkörper von $D$. Dann gilt (siehe z.B. [45]): $D \otimes_K L \cong_{\mathcal{A}_1} L^{n\times n}$. Dabei ist $n = dim_K(L) = dim_L(D)$. Mit Bemerkung 1 folgt nun, daß $(L^{n\times n})^\circ$ als $K$-Algebra auflösbar ist.
Ist $n = 1$, so folgt offenbar (ii).
Angenommen, es gelte $n \in \mathbb{N}_{\geq 2}$. Ist $n \neq 2$, so enthält die $K$-Algebra $L^{n\times n}$ eine zu $K^{3\times 3}$ $\mathcal{A}_1$-isomorphe $K$-Teilalgebra $T$. Damit wäre $T^\circ$ als $K$-Teilalgebra von $(L^{n\times n})^\circ$ auflösbar, was allerdings im Widerspruch zum Abspiel und

Bemerkung 1 steht. Ist $n = 2$, so ist nur der Fall $char(K) \neq 2$ zu betrachten. Offenbar enthält die $K$-Algebra $L^{n\times n}$ eine zu $K^{2\times 2}$ $\mathcal{A}_1$-isomorphe $K$-Teilalgebra $T$. Damit wäre $T^\circ$ als $K$-Teilalgebra von $(L^{n\times n})^\circ$ auflösbar, was im Widerspruch zum Abspiel und Bemerkung 1 steht. $\diamond$

**Satz 8** *Seien $K$ ein Körper, $char(K) \neq 2$ und $A$ endlich-dimensionale assoziative $K$-Algebra. Es sind äquivalent:*

*(i) $A$ ist auflösbar.*

*(ii) $A^\circ$ ist auflösbar.*

**Beweis**. Wegen Proposition 3 ist nur noch die Implikation von (ii) nach (i) zu zeigen. Der Beweis dieser Implikation gliedert sich in die folgenden Schritte:

**Schritt 1:** Die Implikation wird unter der zusätzlichen Voraussetzung gezeigt, daß $A$ eine $K$-Divisionsalgebra ist. In dieser Situation benutzen wir vollständige Induktion nach $dim_K(A)$.
Im ein-dimensionalen Fall ist nichts zu zeigen.
Gilt $Z(A) = K1_A$, so folgt die Behauptung mit Lemma 1. Also kann $K1_A \neq Z(A)$ angenommen werden. $A$ ist eine $Z(A)$-Algebra, für die nach Annahme $dim_{Z(A)}(A) \leq dim_K(A) - 1$ gilt. Da $A^\circ$ als $K$-Algebra auflösbar ist, ist sie auch als $Z(A)$-Algebra auflösbar. Nun folgt mit Induktion, daß $A$ auflösbar, also ein Körper ist.

**Schritt 2:** In diesem Schritt sei $A$ einfach.
Nach Voraussetzung über $A$ kann angenommen werden, daß es ein $n \in \mathbb{N}$ und eine endlich-dimensionale assoziative $K$-Divisionsalgebra $D$ gibt, so daß $A \cong_{\mathcal{A}_1} D^{n\times n}$ gilt. Offenbar gibt es eine $K$-Teilalgebra $T$ von $D^{n\times n}$, die zu $D$ $\mathcal{A}_1$-isomorph ist. Da $T^\circ$ eine $K$-Teilalgebra von $(D^{n\times n})^\circ$ ist, ergibt sich mit Schritt 1, daß $D$ ein Körper ist. Wäre $n \neq 1$, so besäße $D^{n\times n}$ eine zu $K^{2\times 2}$ $\mathcal{A}_1$-isomorphe $K$-Teilalgebra. Diese ist aber nach Abspiel und Bemerkung 1 nicht auflösbar. Somit gilt $n = 1$, und $A$ ist ein Körper.

**Schritt 3:** In diesem Schritt sei $A$ halbeinfach.
Nach Voraussetzung über $A$ gibt es eine endliche direkte Zerlegung in einfache Ideale von $A$. Jedes Ideal dieser Zerlegung ist auch ein Ideal der auflösbaren Algebra $A^\circ$ und somit selbst als Lie-Algebra auflösbar. Mit Schritt 2 folgt, daß jedes Ideal dieser Zerlegung kommutativ ist, was bedeutet, daß auch $A$ kommutativ ist.

**Schritt 4:** Jetzt wird der allgemeine Fall betrachtet.
Sei also $A^\circ$ auflösbar. Es ist $A/rad(A)$ eine endlich-dimensionale halbeinfache assoziative $K$-Algebra. Weiter ist $rad(A)^\circ$ ein Ideal von $A^\circ$, und es

ist $A^\circ/rad(A)^\circ = (A/rad(A))^\circ$ auflösbar. Somit folgt die Behauptung aus Schritt 3.◇

Wir betrachten nun eine Anwendungen dieses Satzes. Dafür benötigen wir die folgende Proposition.

**Proposition 4** *Seien $K$ ein Körper und $A, B$ endlich-dimensionale assoziative $K$-Algebren. Sind $A, B$ auflösbar, so ist $A \otimes_K B$ auflösbar. Sind $A, B$ unitär, so folgt aus der Auflösbarkeit von $A \otimes_K B$ auch die von $A$ und $B$.*

Beweis. Sind $A, B$ unitär, so enthält $A \otimes_K B$ Teilalgebren, die zu $A$ bzw. $B$ $\mathcal{A}_1$-isomorph sind. Ist also $A \otimes_K B$ auflösbar, so sind auch $A$ und $B$ auflösbar.
Seien nun $A$ und $B$ auflösbar sowie $T := A \otimes_K B$. Mit Teil (i) von Bemerkung 1 folgt $T \circ T \subseteq (A \circ A) \otimes_K B + A \otimes_K (B \circ B)$. Da $A$ und $B$ auflösbar sind, gelten $A \circ A \subseteq rad(A)$ und $B \circ B \subseteq rad(B)$. Somit gilt $T \circ T \subseteq rad(A) \otimes_K B + A \otimes_K rad(B)$. Offenbar ist der letzte Ausdruck ein nilpotentes Ideal und damit in $rad(T)$ enthalten.◇

Mit dieser Proposition erhalten wir die folgende Verallgemeinerung von Teil (ii) aus Bemerkung 1, die als Abschlusseigenschaft von Tensorprodukten interpretiert werden kann:

**Satz 9** *Seien $K$ ein Körper, $char(K) \neq 2$ und $A, B$ assoziative endlich-dimensionale $K$-Algebren. Sind $A^\circ$ und $B^\circ$ auflösbar, so ist $(A \otimes_K B)^\circ$ auflösbar.*

Beweis. Seien $A^\circ$ und $B^\circ$ auflösbar. Nach Satz 8 sind $A$ und $B$ auflösbar. Mit Proposition 4 ergibt sich die Auflösbarkeit von $A \otimes_K B$, und mit Satz 8 folgt die Behauptung. ◇

**Abspiel 1** Sei $K$ ein Körper mit $char(K) = 2$. Nach Abspiel und Bemerkung 1 ist $K^{2\times2}$ als Lie-Algebra auflösbar. Es gilt $K^{2\times2} \otimes_K K^{2\times2} \cong_{\mathcal{A}_1} K^{4\times4}$. Diese Algebra ist nach Abspiel und Bemerkung 1 nicht als Lie-Algebra auflösbar.◇

## 3.2 Assoziative und Auflösbarkeit der Einheitengruppe

**Lemma 2** *Seien $K$ ein Körper und $A$ eine endlich-dimensionale assoziative unitäre $K$-Algebra. Es gilt $E(A)/(1_A + rad(A)) = E(A/rad(A))$.*

Beweis. Sei $x \in E(A)$. Es gilt $x(1_A + rad(A)) = x + xrad(A) = x + rad(A) \in E(A/rad(A))$.
Sei $a + rad(A) \in E(A/rad(A))$. Dann gibt es ein $b \in A$, so daß $ab \in 1_A +$

$rad(A)$ gilt. Dies zeigt $ab \in E(A)$. Nach [69] ist $a$ eine Einheit oder ein Nullteiler von $A$. Im ersten Fall schließen wir $a+rad(A) = a(1_A+rad(A)) \in E(A)/1_A + rad(A)$. Ist $a$ ein Nullteiler von $A$, so gibt es ein $0_A \neq c \in A$ mit $ca = 0_A$. Also gilt auch $cab = 0_A$. Da jedoch $ab$ eine Einheit von $A$ ist, ergibt sich $c = 0_A$, was ein Widerspruch ist.◇

Neben diesem doch eher elementaren Lemma benötigen wir zudem den folgenden Satz von William Raymond Scott, den wir in Band I bereits ausführlich dargestellt haben:

**Satz 10** *(Scott) Sei $D$ ein Schiefkörper. $E(D)$ ist genau dann auflösbar, wenn $D$ ein Körper ist.*◇

**Satz 11** *Seien $K$ ein Körper mit $\mid K \mid > 3$ und $A$ eine endlich-dimensionale assoziative unitäre $K$-Algebra. Ist $E(A)$ auflösbar, so ist $A$ auflösbar.*

*Zusatz: Die Umkehrung gilt auch ohne Bedingung an den Körper.*

**Beweis**. Da $E(A)$ auflösbar ist, ergibt sich auch die Auflösbarkeit der Faktorgruppe $E(A)/(1_A+rad(A))$. Wegen Lemma 2 ist somit auch $E(A/rad(A))$ auflösbar. Aus dem klassischen Satz von Joseph Wedderburn und Emil Artin über die Struktur assoziativer Algebren folgt, daß es endlich-dimensionale assoziative $K$-Divisionsalgebren $D_1, ..., D_r$ und $n_1, ..., n_r \in \mathbb{N}$ gibt, so daß $A/rad(A) \cong_{\mathcal{A}_1} \bigoplus_{i=1}^{r} D_i^{n_i \times n_i}$ gilt. Somit gibt es zu jedem $i \in \underline{r}$ eine zu $K^{n_i \times n_i}$ $\mathcal{A}_1$-isomorphe Teilalgebra von $A/rad(A)$. Daraus schließen wir, daß zu jedem $i \in \underline{r}$ eine zu $GL(n_i, K)$ isomorphe Untergruppe in $E(A/rad(A))$ enthalten ist. Da diese nach Voraussetzung auflösbar ist, folgt aus 6.10 in [23], daß für alle $i \in \underline{r}$ $n_i = 1$ gilt. Folglich ist $A/rad(A)$ zu einer direkten Summe von Schiefkörpern isomorph. Da nach Voraussetzung sämtliche Einheitengruppen dieser Schiefkörper auflösbar sind, sind sie nach dem Satz von William Raymond Scott 10 sogar abelsch. Folglich ist $A$ nach Definition auflösbar.
Ist $A$ auflösbar, so ist $A/rad(A)$ kommutativ. Damit ist auch diese Einheitengruppe abelsch. Diese stimmt nach Lemma 2 mit $E(A)/(1_A + rad(A))$. Aus der assoziativen Nilpotenz von $rad(A)$ folgt die des Normalteilers $1_A + rad(A)$. Damit ist $E(A)$ auflösbar.◇

Zusammen mit Satz 8 erhalten wir nun den folgenden Hauptsatz, der den Begriff der Auflösbarkeit im assoziativen, im Lie-theoretischen und im gruppentheoretischen Sinne zusammenführt:

**Hauptsatz 2** *Seien $K$ ein Körper mit mindestens 5 Elementen, $char(K) \neq 2$ und $A$ endlich-dimensionale assoziative unitäre $K$-Algebra. Es sind äquivalent:*

*(i) $A$ ist auflösbar.*

*(ii) $A^\circ$ ist auflösbar.*

*(iii) $E(A)$ ist auflösbar.*$\diamond$

## 3.3 Der Satz von Sophus Lie und Borel-Teilalgebren

Beispiele für auflösbare Algebren diskutieren wir in den Standardbeispielen. In jeder assoziativen Algebra findet man auflösbare (Teil-)Algebren: Eine Summe von auflösbaren Idealen ist wieder ein auflösbares Ideal, so dass es im endlich-dimensionalen Fall auch immer ein grösstes auflösbares Ideal gibt. Dieses kann in jeder Algebra studiert werden, und es liefert Beispiele für auflösbare Algebren und wird auch auflösbares Radikal genannt. Interessant sind in der Lie-Theorie auch sog. Borel-Algebren: es sind maximal auflösbare Lie-Teilalgebren. Sie enthalten das auflösbare Radikal, und sie stehen mit den Cartan-Teilalgebren in enger Beziehung.[1] Wir wollen einse-

[1] Armand Borel (geboren am 21. Mai 1923 in La Chaux-de-Fonds, Schweiz; gestorben am 11. August 2003 in Princeton, USA) war ein Schweizer Mathematiker. Borel studierte an der ETH Zürich bei den Topologen Heinz Hopf und Eduard Stiefel und war dort 1947 bis 1949 Assistent. 1950 war er Professor in Genf. Ab 1949 war er in Paris bei Henri Cartan und Jean Leray mit einem CNRS Stipendium, wo er die Spektralsequenzen von Jean Leray auf die Topologie der Lie-Gruppen und ihrer klassifizierenden Räume (classifying spaces) anwandte. Diese Räume klassifizieren Faserbündel (in der Physik Eichtheorien) mit Lie-Gruppen G als Strukturgruppen. Die Kohomologiegruppen dieser Räume liefern die charakteristischen Klassen, z.B. im Fall der unitären Gruppen die Chernklassen. In Frankreich wurde er auch Mitglied des Bourbaki-Kreises, für dessen Buch über Lie-Gruppen er hauptsächlich verantwortlich zeichnet. Dieses Buch unterscheidet sich deutlich in seinem Reichtum an konkreten Details von den anderen meist sehr abstrakten Bourbaki-Bänden. Nachdem er schon 1952 bis 1954 in Princeton war (mit einem Zwischenstopp in Chicago 1954 bei André Weil und 1955 bis 1957 als Professor an der ETH), wo er u.a. mit Friedrich Hirzebruch zusammenarbeitete, wurde er von 1957 bis 1993 Professor am Institute for Advanced Study in Princeton. Daneben war er 1983 bis 1986 Professor an der ETH und hatte außerdem zahlreiche Gastprofessuren, z.B. in Indien am Tata Institut of Fundamental Research in Bombay (1961, 1983, 1990) und in Hongkong 1999 bis 2001. Neben seinen Arbeiten in algebraischer Topologie und in der Theorie der Lie-Gruppen beschäftigte er sich in mit algebraischen Gruppen, wobei er u. a. mit Jacques Tits zusammenarbeitete, und mit arithmetischen Gruppen (u. a. Zusammenarbeit mit Harish-Chandra). Seine Arbeiten über algebraische Gruppen Mitte der 1950er Jahre änderten das ganze Gebiet und ermöglichten es Claude Chevalley halbeinfache Gruppen über beliebigen algebraisch abgeschlossenen Körpern zu klassifizieren. Mit Friedrich Hirzebruch im Fall der unitären Gruppe und allgemein mit André Weil zeigte er, dass sich die Charakterformeln von Hermann Weyl für die irreduziblen Darstellungen von zusammenhängenden kompakten Lie-Gruppen G aus dem Satz von Hirzebruch-Riemann-Roch ergeben, angewandt auf die (algebraische) Quotientengruppe $G/T$ (T = maximaler Torus von G), die die Faser im Faserbündel der zugehörigen klassifizierenden Räume von G und T ist. Auf den Fasern operiert die Weylgruppe der Lie-Algebra (Vertauschungsgruppe der Wurzeln), was im Falle der unitären Gruppe die symmetrische Gruppe ist, mit einer zugehörigen Zerlegung der Faser in Fahnenmannigfaltigkeiten. Die nach Borel benannte Borel-Untergruppe H einer algebraischen Gruppe ist dadurch definiert, dass der homogene Raum $G/H$ projektiv und so klein wie möglich ist. Gleichzeitig bewiesen Hirzebruch und Borel in ihrer Arbeit von 1958, dass ein orientierbares Faserbündel genau dann eine Spin-Struktur auf einer Man-

hen, dass Borel-Teilalgebren wieder assoziativ abgeschlossen sind.

**Satz 12** *(Lie) Seien $K$ ein algebraisch abgeschlossener Körper der Charakteristik Null, $L$ eine endlich-dimensionale auflösbare $K$-Lie-Algebra und $V$ ein irreduzibler $L$-Modul. Dann ist $V$ eindimensional.*
*Insbesondere ist $L$ zu einer Teilalgebra der oberen Dreiecksmatrizen über $K$ isomorph.*$\diamond$

Dieser Satz von Sophus Lie sagt also aus, dass unter seinen Voraussetzungen die Algebren der oberen Dreiecksmatrizen quasi die Mutter aller auflösbaren Lie-Algebren ist. Betrachtet man das assoziative Erzeugnis innerhalb der oberen Dreiecksmatrizen dieser Teilalgebra, so ist es als assoziative Algebra als Teilalgebra der oberen Dreiecksmatrizen wieder auflösbar. Dieses Phänomen gilt allgemeiner, was Hartmut Laue in [40] bewiesen hat:

**Korollar 1** *(Laue, Satz vom auflösbarem Erzeugnis) Seien $A$ eine endlich-dimensionale assoziative Algebra über einem Körper $K$ der Charakteristik 0 und $L$ eine auflösbare Lie-Teilalgebra von $A^\circ$. Dann ist die $L$ erzeugte assoziative Teilalgebra $\langle L\rangle_A$ auflösbar.*
*Insbesondere ist $\langle L\rangle_A$ als Lie-Algebra wieder auflösbar.*$\diamond$

Der Satz vom auflösbaren Erzeugnis zeigt, dass unter obigen Voraussetzungen eine maximal auflösbare Lie-Teilalgebra $L$ mit ihrem asssoziativem Erzeugnis $\langle L\rangle_A$ übereinstimmen muss. Wir erhalten also:

nigfaltigkeit definiert, falls die zweite Stiefel-Whitney-Klasse des Bündels verschwindet. Auf dem Gebiet der Gruppentheorie und ihrer Anwendung in der Zahlentheorie (z.B. im Sinne des Langlands-Programms) arbeitete er auch mit Jean-Pierre Serre zusammen. Mit diesem verfasste er auch einen Aufsatz, in dem Grothendiecks Verallgemeinerung des Riemann-Roch Theorems erstmals publiziert wurde. In einer 1974 veröffentlichten Arbeit berechnete er die algebraische K-Theorie von Zahlkörpern und ihren Ganzheitsringen (bis auf Torsion). Nach ihm benannt ist der Borel-Regulator in der K-Theorie von Zahlkörpern. Borel-Moore-Homologie ist eine Homologietheorie für lokalkompakte Räume, in der jede (nicht notwendig kompakte) orientierbare Mannigfaltigkeit eine Fundamentalklasse besitzt. Gelegentlich wird auch äquivariante Homologie als Borel-Homologie bezeichnet. Die Baily-Borel-Kompaktifizierung in der Theorie der algebraischen Geometrie ist nach ihm und Walter Baily benannt. Sie macht in Bezug auf spezielle arithmetische Gruppen symmetrische Quotientenräume kompakt (abgeschlossen, vervollständigt) und mit Modulformen darstellbar. Nach Borel sind verschiedene Vermutungen benannt. Die Borel Vermutung in der Topologie ist nach ihm benannt. Sie entstand aus einer Frage, die er 1953 Serre stellte und besagt, dass geschlossene Mannigfaltigkeiten, deren höhere Homotopiegruppen verschwinden (asphärische Mannigfaltigkeiten) und deren Fundamentalgruppen isomorph sind, homöomorph sind. Die Vermutung ist offen. Eine weitere Borel Vermutung betrifft die Berechnung der komplexen Kohomologie arithmetischer Gruppen, die nach der Vermutung durch spezielle automorphe Funktionen gegeben ist. Sie wurde durch Jens Franke bewiesen. Borel war sehr an Musik interessiert und organisierte u. a. Konzerte mit indischer und Jazz-Musik. 1992 erhielt er den Balzan-Preis. 1991 erhielt er den Leroy P. Steele Prize der American Mathematical Society. 1962 hielt er einen Plenarvortrag auf dem Internationalen Mathematikerkongress in Stockholm (Arithmetic Properties of Linear Algebraic Groups) und 1974 war er Invited Speaker auf dem ICM in Vancouver (Cohomology of arithmetic groups). 1978 erhielt er die Brouwer-Medaille.

**Folgerung 2** *Seien A eine endlich-dimensionale assoziative (unitäre) Algebra über einem Körper K der Charakteristik 0 und B eine Borel-Teilalgebra von $A^\circ$. Dann ist B eine assoziative (unitale) Teilalgebra von A.*$\diamond$

Nach Hauptsatz 2 sind die Einheitengruppen der Borel-Teilalgebren auflösbare Untergruppen der Einheitengruppe. Auflösbare Algebren mit separabler Radikalfaktorstruktur und genügend grossem Körper sind von ihrer Einheitengruppe $K$-linear erzeugt (siehe z.B. Bemerkung 2). Deshalb erhalten wir aus Folgerung 2:

**Folgerung 3** *Seien A eine endlich-dimensionale assoziative (unitäre) Algebra über einem Körper K der Charakteristik 0, $\mathcal{B}_A$ die Menge der Borel-Teilalgebren von $A^\circ$ und $\mathcal{SU}_{E(A)}$ die Menge der auflösbaren Untergruppen von $E(A)$. Dann ist die Abbildung*

$$\mathcal{B}_A \longrightarrow \mathcal{SU}_{E(A)}, B \mapsto E(B)$$

*injektiv.*$\diamond$

Eine interessante Frage ist, ob die Einheitengruppen der Borel-Teilalgebren sogar wieder maximal auflösbare Untergruppen erzeugen, und auf diese Art und Weise alle maximal auflösbaren Untergruppen – sog. Borel-Untergruppen – entstehen. Der Beweis würde gelingen, wenn das $K$-lineare Erzegnis auflösbarer Untergruppen wieder eine auflösbare Teilalgebra erzeugen würde. Diese ist jedoch nicht der Fall, was das folgende Beispiel zeigt.[2]

**Beispiel 2** In der reellen Quaternionenalgebra $\mathbb{H}$ ist die Quaternionengruppe eine auflösbare Untergruppe. Ihr $\mathbb{R}$-lineares Erzeugnis ist ganz $\mathbb{H}$. Die Quaternionenalgebra $\mathbb{H}$ ist als Algebra nicht auflösbar, da sie ja sonst ein Körper Körper wäre.$\diamond$

Wir beschliessen diesen Abschnitt mit einem Beispiel dazu, dass das Korollar 1 in Charakteristik ungleich Null falsch wird. Das Beispiel soll der Leser in den Übungsaufgaben verallgemeinern.

**Beispiel 3** Seien $K$ ein Körper mit der Charakteristik 3, $x, y$ zwei Matrizen aus $K^{3\times 3}$ definiert durch

$$x := \begin{pmatrix} 0 & 1 & 0 \\ 0 & 0 & 1 \\ 1 & 0 & 0 \end{pmatrix} \text{ und } y := \begin{pmatrix} 0 & 0 & 0 \\ 0 & 1 & 0 \\ 0 & 0 & 2 \end{pmatrix}.$$

Dann gilt wegen $3 = 0$ die Identität $x \circ y = x$. Ist also $L := \langle x, y \rangle_K$, so

[2] Im weiteren Verlauf dieses Werkes werden wir jedoch einsehen, dass es in auflösbaren Algebren eine derartige Korrespondenz zwischen maximal nilpotenten Substrukturen gibt!

ist $L$ eine auflösbare Lie-Teilalgebra von $gl(3, K)$. Das assoziative Erzeugnis ist jedoch nicht als Lie-Algebra auflösbar. Wegen $char(K) \neq 2$ ist dies nach Satz 8 zur Nicht-Auflösbarkeit des assoziativen Erzeugnisses äquivalent. Man rechnet leicht nach, dass wegen $3 = 0$ das Lie-Produkt $x^2 \circ (x^2 \circ y)$ genau die Einheitsmatrix ist. Also enthält das kleinste Ideal von $\langle L \rangle_{\mathbb{A}}$, dass alle Lie-Produkte von $\langle L \rangle_{\mathbb{A}} \circ \langle L \rangle_{\mathbb{A}}$ umfasst, die Einheitsmatrix. Somit ist die assoziative Ableitung von $\langle L \rangle_{\mathbb{A}}$ genau $\langle L \rangle_{\mathbb{A}}$ selbst, und damit ist $\langle L \rangle_{\mathbb{A}}$ nicht auflösbar.$\diamond$

## 3.4 Standardbeispiele

### 3.4.1 Auflösbarkeit und Gruppenalgebren

Seien $K$ ein Körper und $G$ eine endliche Gruppe.
In [42] wird bewiesen, daß $KG^\circ$ genau dann auflösbar ist, wenn $G$ abelsch ist, die Ableitung von $G$ eine p-Gruppe ist (im Fall $p := char(K) \notin \{0, 2\}$, $G$ nicht abelsch) oder wenn $G$ eine Untergruppe vom Index 2 besitzt, deren Ableitung eine 2-Gruppe ist (im Fall $char(K) = 2$, $G$ nicht abelsch).
Vier Jahre später wird in [43] die Frage beantwortet, wann $E(KG)$ auflösbar ist. Dies ist genau dann der Fall, wenn $G$ abelsch ist oder wenn $G/O_p(G)$[3] abelsch ist (im Fall $p := char(K) \neq 0$, $G$ nicht abelsch).
Da nach dem Satz von Sylow $G'$ genau dann eine p-Grupppe ist, wenn $G/O_p(G)$ abelsch ist, zeigt sich, daß im Fall $char(K) \neq 2$ $KG^\circ$ genau dann auflösbar ist, wenn $E(KG)$ auflösbar ist. Dieses Ergebnis wird durch die Resultate der Sätze 5.4 in [4] und 8 verallgemeinert und ergänzt.
Ist allerdings $char(K) = 2$, so folgt zwar aus der Auflösbarkeit von $E(KG)$ die von $KG^\circ$ (vgl. den nächsten Satz und Propositon 3), aber, wie die $S_3$ zeigt, folgt aus der Auflösbarkeit von $KG^\circ$ nicht die von $E(KG)$.
Es wird nun die Frage beantwortet, wann $KG$ auflösbar ist.

**Satz 13** *Genau dann ist $KG$ auflösbar, wenn $E(KG)$ auflösbar ist.*

**Beweis**. Für $char(K) = 0$ folgt dies aus Satz 5.4 in [4].
Sei nun $p := char(K) \neq 0$. Ist $KG$ auflösbar, so auch $E(KG)$ (vgl. Satz 5.4 aus [4]). Sei nun $E(KG)$ auflösbar. Ist $G$ abelsch, so ist $KG$ kommutativ und damit auflösbar. Sei also $G$ nicht abelsch. Wie in der Einleitung zu 4 angesprochen ist somit $G'$ eine p-Gruppe. Aus Proposition 1.2 von [31] folgt $KG/KG\,Aug(KG') \cong_{\mathbb{A}_1} K(G/G')$. Folglich ist $KG/KG\,Aug(KG')$ kommutativ. Es muß also nur noch eingesehen werden, daß $KG\,Aug(KG')$ nilpotent ist. Mit Corollary 4.7 aus [45] folgt, daß $Aug(KG')$ nilpotent ist. Da $KG\,Aug(KG') = Aug(KG')\,KG$ gilt (vgl. den Vorspann vor Proposition 1.2 in [31]), ist mit $Aug(KG')$ auch $KG\,Aug(KG')$ nilpotent.$\diamond$

[3] $O_p(G)$ ist die grösste normale $p$-Untergruppe von $G$.

Die Berechnung der auflösbaren Stufe der Gruppenalgebra ist noch eine offene Fragestellung der Algebra.

### 3.4.2 Dreiecksmatrizen

Seien $K$ ein Körper und $n \in \mathbb{N}$. In [67] werden drei auflösbare Stufen für $A = \delta_{o,n}$ bzw. $A = \delta_{u,n}$ berechnet. Für alle $n \in \mathbb{N}$ gilt $(A^\circ)^{[n]} = A^{[n])} = rad(A)^{2^{n-1}}$. Insbesondere gilt für das minimale $m$ mit $2^{m-1} \geq cl(rad(A)) = n$ die Beziehung $st(A) = st(A^\circ) = st(E(A)) = m$.◇

### 3.4.3 Solomon-Algebren in Charakteristik Null

Seien $K$ ein Körper der Charakteristik Null und $n \in \mathbb{N}$. In [69] werden die drei auflösbaren Stufen berechnet: $st(D_n) = st(D_n^\circ) = 1 + min\{l \in \mathbb{N} \mid 2^l \geq n-1\}$. Die auflösbare Stufe der Einheitengruppe von $D_n$ stimmt mit $st(D_n)$ überein.◇

### 3.4.4 Solomon-Tits-Algebren

Seien $K$ ein Körper und $n \in \mathbb{N}$. In [69] werden die drei auflösbaren Stufen berechnet: $st(K\Pi_n) = st(K\Pi_n^\circ) = 1 + min\{l \in \mathbb{N} \mid 2^l \geq n\}$. $K$ habe mindestens drei Elemente. Die auflösbare Stufe der Einheitengruppe von $K\Pi_n$ stimmt mit $st(K\Pi_n) = st(K\Pi_n^\circ) = 1 + min\{l \in \mathbb{N} \mid 2^l \geq n\}$ überein. Die auflösbare Stufe der Eins-Einheiten von $K\Pi_n$ stimmt mit $st(rad(K\Pi_n)) = st(rad(K\Pi_n)^\circ) = min\{l \in \mathbb{N} \mid 2^l \geq n\}$ überein.◇

| $n$ | $cl(rad(K\Pi_n))$ | $cl(rad(K\Pi_n)^\circ)$ | $st(rad(K\Pi_n))$ | $st(rad(K\Pi_n)^\circ)$ | $st(K\Pi_n)$ | $st($ |
|---|---|---|---|---|---|---|
| 1 | 1 | 1 | 1 | 1 | 2 | |
| 2 | 2 | 2 | 1 | 1 | 2 | |
| 3 | 3 | 3 | 2 | 2 | 3 | |
| 4 | 4 | 4 | 2 | 2 | 3 | |
| 5 | 5 | 5 | 3 | 3 | 4 | |
| 6 | 6 | 6 | 3 | 3 | 4 | |
| 7 | 7 | 7 | 3 | 3 | 4 | |
| 8 | 8 | 8 | 3 | 3 | 4 | |
| 9 | 9 | 9 | 4 | 4 | 5 | |
| 10 | 10 | 10 | 4 | 4 | 5 | |
| 11 | 11 | 11 | 4 | 4 | 5 | |
| 12 | 12 | 12 | 4 | 4 | 5 | |
| 13 | 13 | 13 | 4 | 4 | 5 | |
| 14 | 14 | 14 | 4 | 4 | 5 | |
| 15 | 15 | 15 | 4 | 4 | 5 | |
| 16 | 16 | 16 | 4 | 4 | 5 | |

Tabelle 3.1: Nilpotenzklassen und auflösbare Stufen für $K\Pi_n$ und $(K\Pi_n)^\circ$

In Tabelle 3.1 listen wir einige Nilpotenzklassen und auflösbare Stufen in Bezug auf die Solomon-Tits-Algebra auf.

| $n$ | $cl(rad(D_n))$ | $cl(rad(D_n)^\circ)$ | $st(rad(D_n))$ | $st(rad(D_n)^\circ)$ | $st(D_n)$ | $st(D_n^\circ)$ |
|---|---|---|---|---|---|---|
| 1 | 0 | 0 | 0 | 0 | 1 | 1 |
| 2 | 1 | 1 | 1 | 1 | 2 | 2 |
| 3 | 2 | 2 | 1 | 1 | 2 | 2 |
| 4 | 3 | 3 | 2 | 2 | 3 | 3 |
| 5 | 4 | 4 | 2 | 2 | 3 | 3 |
| 6 | 5 | 5 | 3 | 3 | 4 | 4 |
| 7 | 6 | 6 | 3 | 3 | 4 | 4 |
| 8 | 7 | 7 | 3 | 3 | 4 | 4 |
| 9 | 8 | 8 | 3 | 3 | 4 | 4 |
| 10 | 9 | 9 | 4 | 4 | 5 | 5 |
| 11 | 10 | 10 | 4 | 4 | 5 | 5 |
| 12 | 11 | 11 | 4 | 4 | 5 | 5 |
| 13 | 12 | 12 | 4 | 4 | 5 | 5 |
| 14 | 13 | 13 | 4 | 4 | 5 | 5 |
| 15 | 14 | 14 | 4 | 4 | 5 | 5 |
| 16 | 15 | 15 | 4 | 4 | 5 | 5 |
| 17 | 16 | 16 | 4 | 4 | 5 | 5 |

Tabelle 3.2: Nilpotenzklassen und auflösbare Stufen für $D_n$ und $(D_n)^\circ$

In Tabelle 3.2 listen wir einige Nilpotenzklassen und auflösbare Stufen in Bezug auf die Solomon-Algebra auf.

| $n$ | $st(1+rad(K\Pi_n))$ | $st(E(K\Pi_n))$ | $st(rad(K\Pi_n))$ | $st(rad(K\Pi_n)^{\circ})$ | $st(K\Pi_n)$ | $st$ |
|---|---|---|---|---|---|---|
| 1 | 1 | 2 | 1 | 1 | 2 | |
| 2 | 1 | 2 | 1 | 1 | 2 | |
| 3 | 2 | 3 | 2 | 2 | 3 | |
| 4 | 2 | 3 | 2 | 2 | 3 | |
| 5 | 3 | 4 | 3 | 3 | 4 | |
| 6 | 3 | 4 | 3 | 3 | 4 | |
| 7 | 3 | 4 | 3 | 3 | 4 | |
| 8 | 3 | 4 | 3 | 3 | 4 | |
| 9 | 4 | 5 | 4 | 4 | 5 | |
| 10 | 4 | 5 | 4 | 4 | 5 | |
| 11 | 4 | 5 | 4 | 4 | 5 | |
| 12 | 4 | 5 | 4 | 4 | 5 | |
| 13 | 4 | 5 | 4 | 4 | 5 | |
| 14 | 4 | 5 | 4 | 4 | 5 | |
| 15 | 4 | 5 | 4 | 4 | 5 | |
| 16 | 4 | 5 | 4 | 4 | 5 | |

Tabelle 3.3: Nilpotenzklassen und auflösbare Stufen für $E(K\Pi_n)$

In Tabelle 3.3 listen wir einige Nilpotenzklassen und auflösbare Stufen in Bezug auf die Solomon-Tits-Algebra auf.

| $n$ | $st(1+rad(D_n))$ | $st(E(D_n))$ | $st(rad(D_n))$ | $st(rad(D_n)^\circ)$ | $st(D_n)$ | $st(D_n^\circ)$ |
|---|---|---|---|---|---|---|
| 1 | 0 | 1 | 0 | 0 | 1 | 1 |
| 2 | 1 | 2 | 1 | 1 | 2 | 2 |
| 3 | 1 | 2 | 1 | 1 | 2 | 2 |
| 4 | 2 | 3 | 2 | 2 | 3 | 3 |
| 5 | 2 | 3 | 2 | 2 | 3 | 3 |
| 6 | 3 | 4 | 3 | 3 | 4 | 4 |
| 7 | 3 | 4 | 3 | 3 | 4 | 4 |
| 8 | 3 | 4 | 3 | 3 | 4 | 4 |
| 9 | 3 | 4 | 3 | 3 | 4 | 4 |
| 10 | 4 | 5 | 4 | 4 | 5 | 5 |
| 11 | 4 | 5 | 4 | 4 | 5 | 5 |
| 12 | 4 | 5 | 4 | 4 | 5 | 5 |
| 13 | 4 | 5 | 4 | 4 | 5 | 5 |
| 14 | 4 | 5 | 4 | 4 | 5 | 5 |
| 15 | 4 | 5 | 4 | 4 | 5 | 5 |
| 16 | 4 | 5 | 4 | 4 | 5 | 5 |
| 17 | 4 | 5 | 4 | 4 | 5 | 5 |

Tabelle 3.4: Nilpotenzklassen und auflösbare Stufen für $E(D_n)$

In Tabelle 3.4 listen wir einige Nilpotenzklassen und auflösbare Stufen in Bezug auf die Solomon-Algebra auf.

| n | $st(A) = st(A^\circ)$ | $st(E(A))$ | $st(E(A))$ über GF(2) |
|---|---|---|---|
| 1 | 1 | 1 | 1 |
| 2 | 2 | 2 | 1 |
| 3 | 3 | 3 | 2 |
| 4 | 3 | 3 | 2 |
| 5 | 4 | 4 | 3 |
| . | . | . | . |
| 8 | 4 | 4 | 3 |
| 9 | 5 | 5 | 4 |
| . | . | . | . |
| 16 | 5 | 5 | 4 |
| 17 | 6 | 6 | 5 |

Tabelle 3.5: Nilpotenzklassen und auflösbare Stufen für $\delta_{u,n}$

Die abschließende Tabelle zeigt die auflösbaren Stufen der drei Strukturen der Dreiecksmatrizen bis $n = 17$.

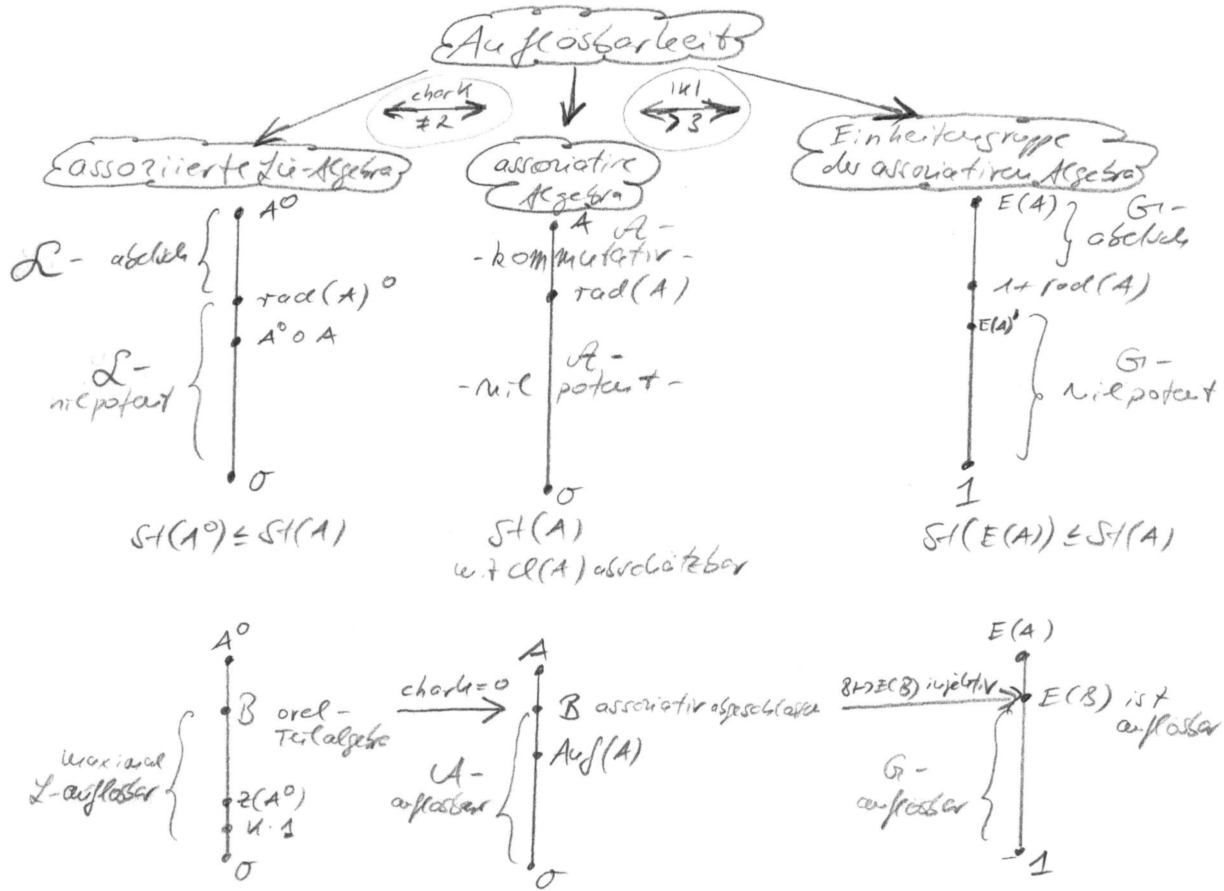

Auflösbarkeit
char k ≠ 2
|k| > 3
assoziierte Lie-Algebra
assoziative Algebra
Einheitengruppe der assoziativen Algebra
A°
L-abelsch
rad(A)°
A° ∘ A
L-nilpotent
0
A
A-kommutativ
rad(A)
A-nilpotent
0
E(A)
G-abelsch
1+rad(A)
E(A)'
G-nilpotent
1
St(A°) ≤ St(A)
St(A)
mit Cl(A) abschätzbar
St(E(A)) ≤ St(A)
A°
B orel-Teilalgebra
maximal L-auflösbar
Z(A°)
K·1
0
char k = 0
A
B assoziativ abgeschlossen
Auf(A)
A-auflösbar
0
B ↦ E(B) injektiv
E(A)
E(B) ist auflösbar
G-auflösbar
1

## 3.5 Offene Fragen und Übungsaufgaben

**Offene Fragen 2** *(i) Seien $A$ eine endlich-dimensionale assoziative unitäre auflösbare $K$-Algebra und $K$ ein Körper. Wie hängen die auflösbaren Stufen und Kommutatorreihen von $A$, $A^\circ$ und $E(A)$ zusammen?*

*(ii) Gilt in (i) etwas Spezielles für Radikal-Algebren oder nilpotente Algebren?*

*(iii) Was ist die auflösbare Stufe der auflösbaren Gruppenalgebra, was ihrer Einheitengruppe und was ihrer assoziierten Lie-Algebra?*

*(iv) Was gilt in (iii) für die Algebra $eAe$ für ein beliebiges Idempotent (siehe Übungsaufgabe 53)?*

**Übungsaufgabe 33** *Man erweitere das Beispiel 3 auf eine beliebige Primzahl $p$ und einen Körper $K$ der Charakteristik $p$, und dabei zeige man die folgenden Aussagen über die analog definierten Matrizen $x$ und $y$:*

*(i) $\langle x, y\rangle_K{}^\circ$ ist eine auflösbare Lie-Algebra.*

*(ii) $x$ und $y$ haben keinen gemeinsamen Eigenvektor.*

*(iii) Der Satz von Lie ist in Charakteristik $p$ falsch.*

*(iv) $\langle x, y\rangle_A$ ist keine auflösbare Algebra.*

*(v) $\langle x, y\rangle_A$ ist keine auflösbare Lie-Algebra vermöge $\circ$.*

**Übungsaufgabe 34** *Man untersuche die Quaternionenalgebren in Charakteristik ungleich 2 auf Auflösbarkeit bzgl. der assoziativen und der Lie-Struktur sowie der Einheitengruppe. Was sind im Falle der Auflösbarkeit die auflösbaren Stufen? Was sind die Kommutatorreihen der drei Strukturen?*

**Übungsaufgabe 35** *Sei $A$ eine assoziative $K$-Algebra. Dann gilt die Identität $(A^\circ)/rad(A)^\circ = (A/rad(A))^\circ$. Gilt etwas Allgemeineres, wenn man statt $rad(A)$ ein beliebiges (nilpotentes) Ideal $I$ von $A$ benutzt?*

**Übungsaufgabe 36** *Sei $A$ eine assoziative unitäre $K$-Algebra. Dann gilt $E(A/rad(A)) = E(A)/(1 + rad(A))^\circ$. Gilt etwas Allgemeineres, wenn man statt $rad(A)$ ein beliebiges (nilpotentes) Ideal $I$ von $A$ benutzt?*

**Übungsaufgabe 37** *Sind Teilalgebren auflösbarer assoziativer Algebren wieder auflösbar?*

**Übungsaufgabe 38** *Sind Teilalgebren auflösbarer Lie-Algebren auflösbar?*

**Übungsaufgabe 39** *Seien A eine assoziative unitäre K-Algebra und T eine Teilalgebra. T heisst unital, wenn T das Einselement von A besitzt. T heisst unitär, wenn T als eigenständige Algebra unitär ist. Ist eine unitale Teilalgebra unitär? Ist eine unitäre Teilalgebra unital? (Tip: Idempotente!)*

**Übungsaufgabe 40** *Sind Einheitengruppen unitaler Teilalgebren von assoziativen Algebren mit auflösbarer Einheitengruppe wieder auflösbar?*

**Übungsaufgabe 41** *Man beweise das Folgende ausführlich:*

> *Ist A auflösbar, so ist $A/rad(A)$ kommutativ. Damit ist auch diese Einheitengruppe abelsch. Diese stimmt nach Lemma 2 mit $E(A)/(1_A+rad(A))$. Aus der assoziativen Nilpotenz von $rad(A)$ folgt die des Normalteilers $1_A + rad(A)$. Damit ist $E(A)$ nilpotent.*

*Wo wurde es in diesem Buch benutzt und wozu?*

**Übungsaufgabe 42** *Sei A eine assoziative unitäre auflösbare K-Algebra. Dann sind auch $A^\circ$ und $E(A)$ auflösbar, und es gilt $max\{st(A^\circ), st(E(A))\} \leq st(A)$.*

**Übungsaufgabe 43** *Man schlage in Band I die Definition und Bedeutung $A^K$ der Adjunktion einer Eins einer assoziativen Algebra A nach. Inwiefern ist auch hier die Sternverknüpfung $\star$ von Bedeutung?*

**Übungsaufgabe 44** *Man übertrage Hauptsatz 2 auf nicht notwendig unitäre assoziative Algebren mit den Ergebnissen der vorherigen Übungsaufgabe 43!*

**Übungsaufgabe 45** *Was bedeutet der Hauptsatz 2 für eine Algebra und ihrer Invers-Algebra? Wie hängen die auflösbaren Stufen zusammen, wie die Kommutatorreihen (im assoziativen und Lie-Sinne sowie für die Einheitengruppen bzw. quasiregulären Gruppen)?*

**Übungsaufgabe 46** *Was bedeutet der Hauptsatz 2 für das direkte Produkt zweier Algebren? Wie hängen die auflösbaren Stufen zusammen, wie die Kommutatorreihen (im assoziativen und Lie-Sinne sowie für die Einheitengruppen bzw. quasiregulären Gruppen)?*

**Übungsaufgabe 47** *Man stelle die in dem Abschnitt 3.4.2 betrachteten auflösbaren Stufen für $n \leq 30$ tabellarisch zusammen. Konvergieren oder divergieren diese Zahlen für beliebiges n?*

**Übungsaufgabe 48** *Man stelle die in dem Abschnitt 3.4.3 betrachteten auflösbaren Stufen für $n \leq 30$ tabellarisch zusammen. Konvergieren oder divergieren diese Zahlen für beliebiges n?*

**Übungsaufgabe 49** *Man stelle die in dem Abschnitt 3.4.4 betrachteten auflösbaren Stufen für $n \leq 30$ tabellarisch zusammen. Konvergieren oder divergieren diese Zahlen für beliebiges $n$?*

**Übungsaufgabe 50** *Sind Faktor-Algebren auflösbarer (assoziativer und Lie-) Algebren wieder auflösbar?*

**Übungsaufgabe 51** *Sind Matrixalgebren auflösbarer assoziativer Algebren wieder auflösbar?*

**Übungsaufgabe 52** *Man untersuche, für welche Körper $K$ und Bedingungen an die Gruppe $G$ die Gruppenalgebra $KG$ auflösbar ist:*

*(i)* $G = D_{2n}$

*(ii)* $G = Q_{4n}$

*(iii)* $G = SD_{2^n}$

*(iv)* $G = D_{2^n}$

*(v)* $G = Q_{2^n}$

*(vi)* $G = S_n$

*(vii)* *$G$ abelsch*

*(viii)* $G = S_3$

*(ix)* $G = A_n$

*(x)* *$G$ eine $p$-Gruppe*

*(xi)* *Das direkte Produkt zweier Gruppen $A, B$, so dass bereits $KA$ und $KB$ auflösbar sind.*

*Wann ist $E(KG)$ auflösbar, wann ist es $KG^\circ$?*

**Übungsaufgabe 53** *(eAe) Seien $K$ ein Körper, $A$ eine assoziative endlichdimensionale assoziative unitäre $K$-Algebra mit separabler Radikalfaktorstruktur, $T$ ein Radikalkomplement von $rad(A)$ in $A$ und $e$ ein Idempotent von $A$. Man beweise folgende Aussagen:*

*(i)* *$e$ ist diagonalisierbar und daher separabel.*

*(ii)* *Die von $\{1, e\}$ $K$-erzeugte $K$-Teilalgebra ist separabel und liegt daher nach einer Erweiterung der Konjugiertheitsaussage des Satzes von Wedderburn-Malcev in einem Radikalkomplement konjugiert zu $T$ mittels $1 + r$ mit $r \in rad(A)$.*

(iii) *Man schlage das Resultat nach, dass* $e\,rad(A)\,e$ *das assoziative Radikal von* $eAe$ *ist.*

(iv) *Sei* $A$ *auflösbar. Aus* $A = rad(A) \oplus T^{1+r}$ *folgere man, dass* $eAe = e\,rad(A)\,e \oplus eT^{1+r}e$ *gilt, und* $eT^{1+r}e$ *ein separables Radikalkomplement ist. Hierzu benutze man, dass jede Teilalgebra einer kommutativen separablen Algebra wieder separabel und kommutativ ist.* $eAe$ *ist also auch eine assoziative endlich-dimensionale assoziative unitäre* $K$*-Algebra mit separabler Radikalfaktorstruktur. Was ist das Einselement?*

(v) *Genau dann ist* $eAe$ *auflösbar, wenn* $A$ *auflösbar ist?*

(vi) *Kann man die Reihen der Ableitungen und damit die auflösbare Stufen von* $eAe$ *im Lie-Sinne, im assoziative Sinne und von* $E(eAe)$ *mit den entsprechenden von* $A$, $A^\circ$ *und* $E(A)$ *in Beziehung setzen? Hierzu schränke man* $e$ *als zentrales Idempotent ein. Dabei sei* $A$ *auflösbar.*

**Übungsaufgabe 54** *(Zero-Erweiterung) Sei* $A$ *eine* $K$*-Algebra vermöge der Multiplikation* $\cdot$. *Auf* $B := A \times A$ *definieren wir eine neue Multiplikation* $\odot$ *vermöge* $(a,x) \odot (b,y) := (ab, ay + xb)$. *Man beweise bzw. untersuche folgende Fragestellungen:*

(i) $(B;\odot)$ *ist eine* $K$*-Algebra.*

(ii) $(A;\cdot)$ *ist genau dann assoziativ, wenn* $(B;\odot)$ *assoziativ ist.*

(iii) $(A;\cdot)$ *ist genau dann kommutativ, wenn* $(B;\odot)$ *kommutativ ist.*

(iv) *Ist* $(A;\cdot)$ *unitär, so ist es auch* $(B;\odot)$, *und es ist* $(1_A;0)$ *ein Einselement.*

(v) *Gilt die Umkehrung der vorherigen Aussage?*

(vi) *Das Zentrum von* $(B;\odot)$ *ist* $Z(A) \times Z(A)$.

(vii) $0 \times A$ *ist ein nilpotentes Ideal von* $B$, *dessen Quadrate Null sind (ein sog. Zero-Ideal).*

(viii) $B/(0 \times A)$ *ist zur Ausgangsalgebra* $A$ *isomorph.*

(ix) *Sei* $A$ *eine assoziative unitale endlich-dimensionale separable* $K$*-Algebra. Dann ist* $B$ *eine unitale endlich-dimensionale assoziative* $K$*-Algebra mit Radikal* $0 \times A$ *und einer zu* $A$ *isomorphen separablen Radikalfaktorstruktur.* $A \times 0$ *ist ein Radikalkomplement.*

(x) *Ist in dem vorherigen Punkt* $A$ *zudem kommutativ, so ist* $B$ *auflösbar. Was sind die auflösbaren Stufen von* $B$, $B^\circ$ *und* $E(B)$? *Hängen sie mit der Ausgangsalgebra* $A$ *zusammen?*

(xi) *Ist $B$ isomorph zum direkten Produkt von $A$ mit sich selbst?*

(xii) *Wie sieht die Multiplikation der Invers-Algebra von $B$ aus?*

(xiii) *Wann ist $B$ auflösbar?*

**Übungsaufgabe 55** *Wahr oder falsch:*

(i) *Jede auflösbare assoziative Algebra ist nilpotent.*

(ii) *Jede nilpotente assoziative Algebra ist auflösbar.*

(iii) *Jede auflösbare assoziative Algebra ist Lie-nilpotent.*

(iv) *Jede auflösbare assoziative Algebra ist Lie-auflösbar.*

(v) *Jede Lie-auflösbare assoziative Algebra ist auflösbar.*

(vi) *Jede Lie-nilpotente assoziative Algebra ist auflösbar.*

(vii) *Ist $A$ eine nilpotente assoziative Algebra, so ist $st(A) = cl(A)$.*

(viii) *Ist $A$ eine nilpotente assoziative Algebra, so ist $st(A) \leq cl(A)$.*

(ix) *Ist $A$ eine nilpotente assoziative Algebra, so ist $st(A) \geq cl(A)$.*

(x) *Ist $A$ eine nilpotente assoziative Algebra, so ist $st(A) \leq cl(A^\star)$.*

(xi) *Ist $A$ eine nilpotente assoziative Algebra, so ist $st(A) \leq cl(A^\circ)$.*

(xii) *Sind $A$ eine assoziative Algebra und $I$ ein Ideal, so dass $A/I$ und $I$ nilpotent sind, so ist $A$ nilpotent.*

(xiii) *Sind $A$ eine assoziative Algebra und $I$ ein Ideal, so dass $A/I$ und $I$ auflösbar sind, so ist $A$ auflösbar.*

(xiv) *Sind $A$ eine assoziative Algebra und $I$ ein Ideal, so dass $A/I$ und $I$ Lie-nilpotent sind, so ist $A$ Lie-nilpotent.*

(xv) *Sind $A$ eine assoziative Algebra und $I$ ein Ideal, so dass $A/I$ und $I$ Lie-auflösbar sind, so ist $A$ Lie-auflösbar.*

*Man beweise die Behauptung und widerlege sie durch ein Gegenbeispiel!*

# Kapitel 4

# Carter-Untergruppen der Einheitengruppe einer auflösbaren assoziativen Algebra

Wir bestimmen in diesem Kapitel die Carter-Untergruppen der Einheitengruppe einer auflösbaren assoziativen Algebra mit separabler Radikalfaktorstruktur und gehen dabei in Anlehnung an die Dissertation [4] von Thorsten Bauer und den Artikel [5] von Thorsten Bauer und Salvatore Siciliano vor.

Es zeigt sich dabei ein durchaus verblüffender Zusammenhang zu den Cartan-Teilalgebren, deren Bestimmung wir bereits in Band I durchgeführt haben und jetzt noch einmal rekapitulieren:

## 4.1 Das Pendant in der Lie-Algebra

**Satz 14** *Sei $A$ eine endlich-dimensionale assoziative unitäre auflösbare $K$-Algebra mit separabler Radikalfaktorstruktur. Es gelten folgende Aussagen:*

*(i) Die Cartan-Teilalgebren von $A^\circ$ sind genau die Zentralisatoren der Radikalkomplemente von $A$. Insbesondere sind Cartan-Teilalgebren unitale assoziative $K$-Teilalgebren von $A$. (Bauer)*

*(ii) Alle Cartan-Teilalgebren von $A^\circ$ sind unter dem Normalteiler $1_A + rad(A)$ der Einheitengruppe von $A$ konjugiert. (Bauer)*

*(iii) Genau dann sind die maximalen Tori von $A$ mit den Cartan-Teilalgebren von $A^\circ$ identisch, wenn es ein selbstzentrales Radikalkomplement gibt.*$\diamond$

Inwiefern die Carter-Untergruppen ein Pendant hierzu darstellen, zeigen wir im nächsten Abschnitt.

## 4.2 Die Ermittlung der Carter-Untergruppen durch Torsten Bauer

**Lemma 3** *(Bauer, Siciliano) Sei $A$ eine assoziative endlich-dimensionale unitäre $K$-Algebra über einem Körper $K$. Ist $H$ ein separables Algebrenkomplement von $rad(A)$ in $A$, so gelten die folgenden Aussagen:*

*(i) Ist $J$ ein nilpotentes Ideal von $A$, so ist $1+J$ ein nilpotenter Normalteiler von $E(A)$.*

*(ii) $E(A) = E(H) \ltimes (1 + rad(A))$*

*(iii) $\langle E(H)\rangle_K$ ist ein Algebrenkomplement von $rad(A)$ in $\langle E(A)\rangle_K$, und es gilt $rad\langle E(A)\rangle_K = rad(A)$.*

*(iv) Sind $A$ auflösbar und $B$ eine Teilalgebra von $A$, so gilt $rad(B) = B \cap rad(A)$, und $B/rad(B)$ ist separabel.*

<u>**Beweis**</u>. ad(i)+(ii): siehe z.B. [67].

ad(iv): siehe z.B. das Kapitel über reduzierte Algebren in Band I.

ad(iii): Lineare Erzeugnisse von Untergruppen sind assoziative unitäre Teilalgebren. $E(A)$ enthält $1+rad(A)$, also sein lineares Erzeugnis $rad(A)$. Wegen (iv) ist $rad(A)$ auch das Radikal vom linearen Erzeugnis der Einheitengruppe. Offenbar liegt das lineare Erzeugnis der Einheitengruppe des Komplements $H$ direkt zum Radikal. Sei $x$ eine Einheit von $A$. Aus $x = (1+r)h = h + hr$ folgt (ii) und damit die Behauptung. $\diamond$

Das folgende Resultat ist die entscheidene Einsicht für die Kennzeichnung von Carter-Untergruppen in Einheitengruppen zu assoziativen auflösbaren Algebren. Sie wird uns auch nützlich sein für die Beschreibung maximal nilpotenter Teilstrukturen sowie für die Beschreibung der Fitting-Untergruppe, und es ist für sich genommen ein rundes Resultat:

**Lemma 4** *(Bauer, Siciliano) Sei $A$ eine endlich-dimensionale auflösbare unitäre assoziative $K$-Algebra mit separabler Radikalfaktorstruktur. Ist $N$ eine nilpotente Untergruppe von $E(A)$, dann ist die assoziative Teilalgebra $\langle N\rangle_K$ Lie-nilpotent.*

<u>**Beweis**</u>. Sei $B := \langle N\rangle_K$, und wir betrachten (siehe Lemma 3) ein Algebrenkomplement $H$ von $rad(B)$ in $B$. Wir wollen $B = C_B(H)$ zeigen, woraus dann die Behauptung mit Satz 14 angewandt auf $B$ folgt. Seien $\bar{h} \in H$ und $g_1, g_2, \ldots, g_r \in N$, $\alpha_1, \alpha_2, \ldots, \alpha_r \in K$ mit $\bar{h} = \sum\limits_{i=1}^{r} \alpha_i g_i$. Wegen Lemma 3 gilt

$E(B) = E(H) \ltimes (1 + rad(B))$, und daher existieren für jedes $i \in \underline{r}$ Elemente $h_i \in E(H)$ und $y_i \in rad(B)$ mit $g_i = h_i(1 + y_i)$. Daraus folgt:

$$\bar{h} = \sum_{i=1}^{r} \alpha_i h_i(1 + y_i) = \sum_{i=1}^{r} \alpha_i h_i + \sum_{i=1}^{r} \alpha_i h_i y_i,$$

woraus wir $\sum_{i=1}^{r} \alpha_i h_i y_i \in H \cap rad(B) = \{0\}$ erhalten.
Des Weiteren gilt für alle $i \in \underline{r}$ die Identität $h_i = g_i(1 + y_i)^{-1} \in N(1 + rad(B))$. Es folgt

$$H = \langle E(H) \cap (N(1 + rad(B))) \rangle_F. \tag{4.1}$$

Sei nun

$$J := \{x \in B \mid \forall\, h \in H\ \exists\, n \in \mathbb{N}\ x(\operatorname{ad} h)^n \in rad(B)^2\}.$$

Weil $B$ auflösbar ist, ist $J$ ein Ideal von $B$. Aus Teil (1) von Lemma 3 erhalten wir, daß $1 + (rad(B) \cap J)$ ein Normalteiler von $E(B)$ ist. Wiederum folgt aus der Auflösbarkeit von $B$ die Identität $N' \leq 1 + rad(B)$. Wir zeigen, dass sogar $N' \leq 1 + (rad(B) \cap J)$ gilt:

Sei $z \in N'$. Dann ist $x := z - 1$ ein Element von $rad(B)$, und es folgt $z^{-1} = \sum_{i \in \mathbb{N}_0} (-1)^i x^i$. Seien $\hat{h} \in E(H) \cap (N(1 + rad(B)))$, $g \in N$ und $y \in rad(B)$ mit $\hat{h} = g(1 + y)^{-1}$. Dann gilt

$$[z, g] = \Big(\sum_{i \in \mathbb{N}_0} (-1)^i x^i\Big) g^{-1}(1 + x) g \equiv 1 + x^g - x \mod rad(B)^2. \tag{4.2}$$

Wegen $(1 + y)^{-1} = \sum_{i \in \mathbb{N}_0} (-1)^i y^i$ und (4.2) erhalten wir

$$[z, g] \equiv 1 + (1 + y)^{-1} \hat{h}^{-1} x \hat{h} (1 + y) - x \equiv 1 + \hat{h}^{-1}(x, \hat{h}) \mod rad(B)^2.$$

Daraus folgt leicht, dass für alle $n \in \mathbb{N}$ die folgende Einsicht gilt:

$$[[\ldots [z, \underbrace{g] \ldots ]g]}_{n} \in 1 + \hat{h}^{-n}(x(\operatorname{ad} \hat{h})^n) + rad(B)^2. \tag{4.3}$$

Wegen der Nilpotenz von $N$ gibt es eine natürliche Zahl $m$ mit

$$[[\ldots [z, \underbrace{g] \ldots ]g]}_{m} = 1.$$

Nach (4.3) folgt daraus $x(\operatorname{ad} \hat{h})^m \in rad(B)^2$. Weil die Elemente von $E(H) \cap (N(1 + rad(B)))$ paarweise kommutieren, gilt nach (4.1) schon $x \in J$. Somit gilt $N' \subseteq 1 + (rad(B) \cap J)$, was wir zeigen wollten.

Wir schliessen daraus, dass für alle Elemente $a, a' \in N$ es ein Element $s \in rad(B) \cap J$ gibt, so daß $aa' = a'a(1+s)$ und folglich $[a, a'] = a'as \in rad(B) \cap J$. gelten. Insbesondere gilt $[B, H] \subseteq [B, B] \subseteq J$. Somit gilt für alle $b \in B$, $h \in H$, dass eine natürliche Zahl $n$ existiert, so dass $b(\operatorname{ad} h)^n$ in $rad(B)^2$ enthalten ist. Das ist der Fall $k = 1$ der folgenden allgemeineren Aussage: Für alle $k \in \mathbb{N}$, $h \in H$ gibt es eine natürliche Zahl $n$, so daß $rad(B)(\operatorname{ad} h)^n \subseteq rad(B)^{k+1}$ gilt. Im Induktionsbeweis nach $k$ nehmen wir an, $m$ sei eine natürliche Zahl mit $rad(B)(\operatorname{ad} h)^m \subseteq rad(B)^{k+1}$. Seien $b \in rad(B)$, $b' \in rad(B)^k$. Dann gilt:

$$(bb')(\operatorname{ad} h)^{2m} = \sum_{i=0}^{2m} \binom{2m}{i} b(\operatorname{ad} h)^i b'(\operatorname{ad} h)^{2m-i} \in (rad(B))^{k+2}.$$

Da $rad(B)^{k+1}$ das lineare Erzeugnis endlich vieler Elemente $bb'$ ist, gibt es eine natürliche Zahl $l$ mit $rad(B)^{k+1}(\operatorname{ad} h)^l \subseteq rad(B)^{k+2}$. Nun sei $n := m + l$. Wegen der Nilpotenz von $rad(B)$ erhalten wir, dass $B$ in der Fitting-Null-Komponente $B_0(\operatorname{ad} h)$ für jedes $h \in H$ enthalten ist. Also gilt $B \subseteq B_0(\operatorname{ad} H)$. Da $H$ ein Torus ist, ist $C_B(H)$ eine Cartan-Teilalgebra nach Satz 14. Bekanntlich stimmt diese mit ihrer Fitting-Nullkomponente überein, d.h. es gilt $B_0(\operatorname{ad} H) = C_B(H)$.$\diamond$

Mit Hilfe dieses Lemmas können wir nun beweisen:

**Satz 15** *(Bauer, Siciliano) Sei $A$ eine assoziative unitäre auflösbare endlich-dimensionale $F$-Algebra mit separabler Radikalfaktorstruktur. Eine Teilmenge $C$ von $A$ ist genau dann eine Carter-Untergruppe von $E(A)$ wenn es ein Algebrenkomplement $T$ von $rad(A)$ in $A$ gibt, so dass $C = C_{E(A)}(E(T))$ gilt.*

<u>**Beweis**</u>. Sei zunächst $T$ ein Algebrenkomplement von $rad(A)$ in $A$. Wegen $E(A) = E(T) \ltimes (1 + rad(A))$ gilt für jedes $k \geq 2$ die Bedingung $\gamma_k(C_{E(A)}(E(T))) \subseteq \gamma_k(C_{1+\mathrm{Rad}(A)}(E(T)))$. Aus Teil (1) von Lemma 3 erhalten wir die Nilpotenz von $1+\mathrm{Rad}(A)$, und somit ist $C_{E(A)}(E(T))$ nilpotent. Seien $g \in N_{E(A)}(C_{E(A)}(E(T)))$ und $B := \langle C_{E(A)}(E(T))\rangle_F$. Aus Teil (3) von Lemma 3 erhalten wir, dass $\langle E(T)\rangle_F$ ein Algebrenkomplement von $rad(B)$ in $B$ ist. Es gilt $E(T)^g \subseteq C_{E(A)}(E(T))$, so dass auch $\langle E(T)\rangle_F^g$ ein Algebrenkomplement von $rad(B)$ in $B$ ist. Nach dem Satz von Wedderburn-Malcev sind $E(T)$ und $E(T)^g$ unter $1 + rad(B)$ konjugiert. Wegen $\langle E(T)\rangle_F \subseteq Z(B)$ gilt nun $\langle E(T)\rangle_F = \langle E(T)\rangle_F^g$, also auch $E(T)^g = E(T)$. Es folgt

$$[g, E(T)] \subseteq (1 + rad(A)) \cap E(T) = \{1\},$$

und damit gilt auch $g \in C_{E(A)}(E(T))$. Somit ist $C_{E(A)}(E(T))$ eine Carter-Untergruppe von $E(A)$.

Sei umgekehrt $C$ eine Carter-Untergruppe von $E(A)$. Sei $B := \langle C\rangle_F$. Wegen

Lemma 4 ist $B$ Lie-nilpotent. Aus dem Theorem 14 folgt nun $B = C_B(T_0)$ für ein Algebrenkomplement $T_0$ von $rad(B)$ in $B$. Wegen $B = \langle C \rangle_F \subseteq \langle E(B) \rangle_F$ folgt aus Teil (3) von Lemma 3 nun $T_0 = \langle E(T_0) \rangle_F$. Daher gilt $E(B) = E((C_B(T_0))) = C_{E(B)}(E(T_0))$, und nach dem ersten Teil des Beweises ist dies eine Carter-Untergruppe von $E(B)$. Somit ist $E(B)$ nilpotent. Als Carter-Untergruppe ist $C$ maximal nilpotent in $E(B)$. Also gilt $E(B) = C$. Aus Teil (4) von Lemma 3 gilt $rad(B + rad(A)) = rad(A)$. Somit ist $T_0$ ein Algebrenkomplement von $rad(B+rad(A))$ in $B+rad(A)$. Wiederum aus dem ersten Teil des Beweises ist $C_{E((B+rad(A)))}(E(T_0))$ eine Carter-Untergruppe von $E((B+rad(A))) = E(T_0) \ltimes (1+rad(A))$. Da $C \leq C_{E((B+rad(A)))}(E(T_0))$ gilt, erhalten wir $C = C_{E((B+rad(A)))}(E(T_0))$. Das führt zu

$$[C_{E(A)}(E(T_0)), C] \leq C_{E(A)}(E(T_0)) \cap (1 + \text{Rad}(A)) \leq C,$$

und deshalb gilt $C_{E(A)}(E(T_0)) \subseteq N_{E(A)}(C) = C$. Nach Teil (2) von Theorem 14 ist $T_0$ ein Torus von $B$. Sei $T$ ein maximaler Torus von $A$, der $T_0$ enthält. Nach (2) von Theorem 14 impliziert, dass $T$ ein Algebrenkomplement von $rad(A)$ in $A$ ist. Erneut nach dem ersten Teil des Beweises ist $C_{E(A)}(E(T))$ eine Carter-Untergruppe von $E(A)$, und es gilt $C_{E(A)}(E(T)) \leq C_{E(A)}(E(T_0)) \leq C$. Aus der maximalen Nilpotenz von $C_{E(A)}(E(T))$ in $C$ erhalten wir $C = C_{E(A)}(E(T))$, und der Beweis ist durchgeführt. $\diamond$

Für unendliche auflösbare Gruppen sind die Carter-Untergruppen nicht unbedingt alle konjugiert. In unserem Kontext gilt jedoch:

**Korollar 2** *(Bauer, Siciliano) Sei $A$ eine endlich-dimensionale unitäre assoziative auflösbare $K$-Algebra mit separabler Radikalfaktorstruktur. Dann besitzt $E(A)$ genau eine Konjugiertenklasse von Carter-Untergruppen.*

<u>Beweis</u>. Der Satz 15 sowie der von Wedderburn-Malcev implizieren die Existenz einer Carter-Untergruppe von $E(A)$. Seien $C_1$ und $C_2$ zwei Carter-Untergruppen von $E(A)$. Nach den bereits zitierten Sätzen gibt es Komplemente $T_1$ und $T_2$ von $rad(A)$ in $A$, so daß $C_i = C_{E(A)}(E(T_i))$ für $i \in \underline{2}$ gilt und zudem ein Element $x \in rad(A)$ existiert, so daß $T_2 = T_1^{1+x}$ gilt. Wir erhalten $C_2 = C_{E(A)}(E(T_2)) = C_{E(A)}(E(T_1^{1+x})) = C_{E(A)}(E(T_1)^{1+x}) = C_{E(A)}(E(T_1))^{1+x} = C_1^{1+x}$.$\diamond$

**Bemerkung 2** *(Bauer, Siciliano) Seien $A = K_1 \oplus K_2 \oplus \cdots \oplus K_n$, wobei jedes $K_i$ ein Erweiterungskörper eines Körpers $K$ ist und $K_i$ nicht zwei-elementig ist für jedes $i \in \underline{n}$. Dann ist $A$ als $K$-Raum von $E(A)$ erzeugt.*

<u>Beweis</u>. Examplarisch beweisen wir, dass $(1, 0, ..., 0)$ $K$-linear von Einheiten erzeugt wird. Der Schluss ist allgemeingültig. Sei $a$ ein von 0 und 1 verschiedenes Element von $K_1$. Es gilt $(1, 0, ..., 0) = (1 - a, 1, ..., 1) + (a, -1, ..., -1)$, und jedes Element dieser Summe ist eine Einheit. $\diamond$

**Satz 16** *(Bauer, Siciliano) Seien $A$ eine endlich-dimensional auflösbare assoziative unitäre $K$-Algebra über einem Körper $K$ mit mindestens drei Elementen, so dass $A/rad(A)$ separabel ist. Dann sind die Carter-Untergruppen von $E(A)$ genau die Einheitengruppen der Cartan-Teilalgebren von $A^\circ$.*

**Beweis**. Sei $T$ Algebrenkomplement von $rad(A)$ in $A$. Nach Bemerkung 2 gilt $T = \langle E(T)\rangle_K$, woraus wir $E((C_A(T))) = C_{E(A)}(E(T))$ erhalten. Aus den Sätzen 14 und 15 folgt dann die Behauptung.◇

**Bemerkung 3** *(Bauer, Siciliano)* Das vorherige Resultat ist für Körper mit genau zwei Elementen i.A. falsch. Dazu betrachte man die auflösbare assoziative Algebra der oberen Dreiecksmatrizen über einen Körper mit zwei Elementen. Die Menge der Diagonalmatrizen ist eine Cartan-Teilalgebra, ihre Einheitengruppe ist trivial und damit keine Carter-Untergruppe (Die triviale Untergruppe ist nicht maximal nilpotent, da sie in jeder zyklischen echten Untergruppe echt enthalten ist.).◇

## 4.3 Zusammenhänge bei endlichen Körpern

In diesem Abschnitt beschäftigen wir uns mit den Beziehungen zwischen und den Anzahlen von den p-Sylow-Untergruppen, den Carter-Untergruppen und den $p'$-Hall-Untergruppen, wenn der Körper endlich ist und Charakteristik p besitzt.

**Proposition 5** *Seien $K$ ein Körper, $A$ eine endlich-dimensionale assoziative unitäre $K$-Algebra, $g$ eine Einheit und $T$ eine unitale $K$-Teilalgebra von $A$. Dann gilt $E(T)^g = E(T^g)$.*

**Beweis:** Wir bemerken zunächst an, dass für jede unitale $K$-Teilalgebra $S$ von $A$ nach die Aussage $E(S) = S \cap E(A)$ gilt (siehe z.B. [67] oder [69]). Daraus folgt nun $E(T)^g = (T \cap E(A))^g = T^g \cap E(A)^g = T^g \cap E(A) = E(T^g)$.◇

**Satz 17** *Seien $K$ ein endlicher Körper der Charakteristik $p$, $A$ eine endlich-dimensionale assoziative unitäre auflösbare $K$-Algebra und $T$ ein Radikalkomplement.*

*(i) $1 + rad(A)$ ist die p-Sylow-Untergruppe von $E(A)$.*

*(ii) Die $p'$-Hall-Untergruppen sind die Konjugierten von $E(T)$ unter $1 + rad(A)$.*

*(iii) Ist $K$ zusätzlich ein Zerfällungskörper von $A$, so gilt die Gruppenisomorphie $E(T) \cong E(K)^{dim_K(A/rad(A))}$.*

*(iv) Die Zentralisatoren der $p'$-Hall-Untergruppen sind genau die Carter-Untergruppen.*

*(v) Ist $T$ selbstzentral, so sind die $p'$-Hall-Untergruppen genau die Carter-Untergruppen.*

*(vi) Ist $K$ ein Zerfällungskörper, so sind die $p'$-Sylow-Untergruppen von $E(T)$ $n$-fache direkte Produkte zyklischer Gruppen, wobei $n$ mit der Dimension $dim_K(A/rad(A))$ übereinstimmt.*

**Beweis:** Da $K$ endlich ist, ist $K$ perfekt und damit die Radikalfaktorstruktur von $A$ separabel. Insbesondere gibt es nach dem Satz von Wedderburn-Malcev ein Radikalkomplement $T$. Die Algebra $A$ wird von $rad(A)$ und $T$ semidirekt zerlegt. Nach Folgerung 1.1.8 in [68] ist damit $E(A)$ eine semidirektes Produkt bzgl. des Normalteiler $1 + rad(A)$ und der Untergruppe $E(T)$. Da $A$ auflösbar – also $T$ kommutativ ist – gibt es Erweiterungskörper $K_1, \cdots, K_r$ von $K$, so dass $T$ zu der äusseren direkten Summe $K_1 \times \cdots \times K_r$ isomorph ist. Wiederum aus Folgerung 1.1.8 in [68] gilt daher $E(T) \cong E(K_1) \times \cdots \times E(K_r)$. Aus der endlichen Körpertheorie ist bekannt, dass die Mächtigkeit jedes Erweiterungskörpers $K_i$ ($i \in \underline{r}$) eine $p$-Potenz ist. Wegen $E(K_i) = K_i \setminus \{0\}$ ist daher $\mid E(K_i) \mid$ für alle $i \in \underline{r}$ eine $p'$-Potenz. Da $rad(A)$ ein $K$-Vektorraum ist, folgen nun (i), (iii) und der erste Teil aus (ii).
Sei nun $H$ eine $p'$-Hall-Untergruppe von $E(A)$. Nach einem Satz von Philipp Hall gibt es ein $g \in E(A)$ mit $H = E(T)^g$. Da mit $T$ auch $T^g$ ein Radikalkomplement ist, gibt es nach dem Satz von Wedderburn-Malcev ein $r \in rad(A)$ mit $T^g = T^{1+r}$. Es folgt nun mit Proposition 5 die Gleichung $H = E(T)^g = E(T^g) = E(T^{1+r}) = E(T)^{1+r}$

Die Aussagen in (iv) und (v) folgen aus (ii) sowie aus Theorem 1 in [4].

Die letzte Aussage folgt daraus, dass die multiplikative Gruppe eines endlichen Körpers zyklisch ist, Untergruppen zyklischer Gruppen wieder zyklisch sind (siehe Band I) sowie sich Sylow-Untergruppen und direkte Produkte vertragen.◇

**Proposition 6** *Seien $K$ ein Körper, $A$ eine endlich-dimensionale assoziative unitäre auflösbare $K$-Algebra und $T$ ein separables Radikalkomplement. Dann gilt $N_{E(A)}(E(T)) = C_{E(A)}(E(T))$. Für $\mid K \mid \neq 2$ gilt zusätzlich $C_{E(A)}(E(T)) = E(C_A(T))$.*

**Beweis:** Sei $g \in N_{E(A)}(E(T))$. Die Algebra $A$ wird von $rad(A)$ und $T$ semidirekt zerlegt. Nach Folgerung 1.1.8 in [68] ist damit $E(A)$ eine semidirektes Produkt bzgl. des Normalteiler $1+rad(A)$ und der Untergruppe $E(T)$. Also gibt es insbesondere ein $r \in rad(A)$ und ein $t \in E(T)$ mit $g = t(1 + r)$. Aus der Kommutativität von $T$ erhalten wir $E(T) = E(T)^g = E(T)^{t(1+r)} = E(T)^{1+r}$, also insbesondere $E(T)(1 + r) = (1 + r)E(T)$. Sei nun $s \in E(T)$. Dann gibt es ein $x \in E(T)$ mit $s(1 + r) = (1 + r)x$, also $s + sr = x + rx$.

Wegen $sr, rx \in rad(A)$ und $s, x \in E(T)$ folgt nun $s = x$ und $sr = rs$. Also zentralisiert $r$ jedes Element von $E(T)$, und wir haben $g \in C_{E(A)}(E(T))$ gezeigt.
Ist $\mid K \mid \neq 2$, so gilt nach Bemerkung 2 die Aussage $T = \langle E(T) \rangle_K$, woraus leicht der Zusatz folgt.◇

**Satz 18** *Seien $K$ ein endlicher Körper der Charakteristik $p$, $A$ eine endlichdimensionale assoziative unitäre auflösbare $K$-Algebra und $T$ ein Radikalkomplement.*

*(i) Es gibt genau $\frac{|E(A)|}{|C_{E(A)}(E(T))|}$ $p'$-Hall-Untergruppen in $E(A)$. Insbesondere ist diese Anzahl ein Teiler der Mächtigkeit der $p$-Sylow-Untergruppe $1 + rad(A)$ von $E(A)$.*

*(ii) Ist $T$ selbstzentral und gilt $\mid K \mid \neq 2$, so gibt es genau $\mid rad(A) \mid$ $p'$-Hall-Untergruppen in $E(A)$.*
*(Dies ist die maximal mögliche Anzahl der $p'$-Hall-Untergruppen.)*

*(iii) Die Anzahl der $p'$-Hall-Untergruppen entspricht der Anzahl der Carter-Untergruppen von $E(KG)$.*

**Beweis:** ad(i): Dies folgt aus der Bahngleichung sowie Proposition 6.

ad(ii): Dies folgt aus (i) und aus Proposition 6. Der Zusatz folgt aus der Kommutativität von $T$.

ad(iii): Carter-Untergruppen sind selbstnormal. Daher folgt die Behauptung aus der Bahngleichung, aus (i) sowie aus Satz 15.◇

## 4.4 Standardbeispiele

### 4.4.1 Gruppenalgebren

**Bemerkung 4** Im Abschnitt 3.4.1 haben wir geklärt, wann für eine endliche nicht-abelsche Gruppe $G$ und einen Körper $K$ die Gruppenalgebra $KG$ auflösbar ist. Dies ist genau dann der Fall, wenn $char(K) = p$ gilt und $G$ eine normale $p$-Sylow-Untergruppe $P$ besitzt. Zu dieser gibt es ein hallsches Komplement $H$, und es ist $KH$ ein separables kommutatives Radikalkomplement in $KG$. Das Radikal ist $KGAug(KP) = Aug(KP)KG$. Für $p \neq 2$ sind also (siehe Satz 14) die Zentralisatoren von $KH$ und ihrer Konjugierten unter $1 + rad(KG)$ genau die Cartan-Teilalgebren von $KG^{\circ}$, ihre Einheitengruppen sind nach Satz 16 genau die Carter-Untergruppen von $E(KG)$.

Aus den Sätzen 17 und 18 folgt im endlichen Fall von $K$ weiter, dass

$1 + rad(KG)$ die $p$-Sylow-Untergruppe von $E(KG)$ ist und dass die Einheitengruppen der Radikalkomplemente – also der unter $1 + rad(KG)$ Konjugierten von $KH$ – genau die $p'$-Hall-Untergruppen von $E(KG)$ sind. Ihre Anzahl entspricht der der Carter-Untergruppen und kann theoretisch mit Satz 18 berechnet werden.◇

Eine direkte Folgerung aus Lemma 4 und aus Bemerkung 4 ist:

**Folgerung 4** *Seien $K$ ein Körper, $G$ eine endliche Gruppe und $C$ eine Untergruppe von $G$. Ist $KG$ auflösbar, so gelten:*

*(i) Ist $C$ nilpotent, so ist $KC$ Lie-nilpotent.*

*(ii) Ist $C$ eine Carter-Untergruppe von $G$, so ist $KC$ Lie-nilpotent.*◇

Ob $KC$ für eine Carter-Untergruppe $C$ sogar eine Cartan-Teilalgebra sein kann, klären wir später in diesem Abschnitt. Wir widmen uns nun dem Zusammenspiel der Carter-Untergruppen von $G$ und $E(KG)$ im auflösbaren Fall einer Gruppenalgebra $KG$.

**Lemma 5** *(Bauer, Siciliano) Seien $G$ eine endliche Gruppe, $N$ eine normale Sylow-Untergruppe, so dass $G/N$ abelsch ist und $C \subseteq G$. Genau dann ist $C$ eine Carter-Untergruppe von $G$, wenn es ein Komplement $H$ von $N$ in $G$ gibt, so dass $C = C_G(H)$ gilt.*

**Beweis**. Zunächst beachte man, dass auf Grund der Auflösbarkeit und der Nilpotenzlänge von $G$ die Carter-Untergruppen von $G$ mit den sogenannten Sylow-Normalisatoren von $G$ übereinstimmen (siehe z.B. 9.5.10 in [46]).
Sei $H$ ein Komplement von $N$ in $G$. Dann gilt $G = H \ltimes N$, und $H$ ist eine abelsche Untergruppe von $G$. Seien $p_1, p_2, \ldots, p_r$ die verschiedenen Primteiler von $|H|$, und für jedes $i \in \underline{r}$ sei $P_i$ die eindeutig bestimmte $p_i$-Sylow-Untergruppe von $H$. Dann ist $\{P_1, \ldots, P_r, P_{r+1} = N\}$ eine Sylow-Basis von $G$. Sei $C$ der Normalisator dieser Sylow-Basis. Dann gilt

$$C = \bigcap_{i=1}^{r+1} N_G(P_i) = \bigcap_{i=1}^{r} N_G(P_i).$$

Seien $i \in \underline{r}$ und $g \in N_G(P_i)$. Dann gilt $[g, P_i] \leq P_i \cap N = \{1\}$, und somit folgt $g \in C_G(P_i)$. Also gilt $H = P_1 P_2 \ldots P_r$, und es folgt

$$C = \bigcap_{i=1}^{r} C_G(P_i) = C_G(H)$$

womit wir den ersten Teil der Behauptung bewiesen haben.

Sei nun umgekehrt $C$ eine Carter-Untergruppe von $G$. Nach dem Satz von

Schur-Zassenhaus (siehe z.B. [46], 9.1.2) gibt es ein Komplement $H$ von $N$ in $G$. Sei $\tilde{C} := C_G(H)$. Aus dem ersten Teil des Beweises folgt, dass $\tilde{C}$ eine Carter-Untergruppe von $G$ ist. Mit Hilfe des Theorems von Roger Carter erhalten wir, dass $\tilde{C}^x = C$ gilt für ein $x \in G$. Wir erhalten $C = (C_G(H))^x = C_G(H^x)$, und damit ist die Behauptung bewiesen.$\diamond$

**Satz 19** *Seien $K$ ein Körper und $G$ eine endliche Gruppe, so dass $KG$ auflösbar ist. Dann gelten:*

*(i) Jede Carter-Untergruppe $C$ von $G$ ist in einer Carter-Untergruppe $\hat{C}$ von $E(KG)$ enthalten, und es gilt $C = \hat{C} \cap G$. (Bauer, Siciliano)*

*(ii) Alle Carter-Untergruppen von $E(KG)$ entstehen als Erweiterung einer Carter-Untergruppe von $G$.*

<u>**Beweis**</u>. Wir benutzen im Folgenden die Aussagen aus Vorbemerkung 4. Wir können annehmen, dass $G$ nicht-abelsch ist, da sonst die Behauptungen trivial sind. Insbesondere ist $KG$ eine auflösbare Algebra mit separabler Radikalfaktorstruktur.

ad(i): Es gilt $char(K) = p$, und $G$ hat eine normale $p$-Sylow-Untergruppe $P$ mit abelscher Faktorgruppe $G/P$. Sei $H$ ein Komplement von $P$ in $G$. Nach dem Lemma 5 ist $C := C_G(H)$ eine Carter-Untergruppe von $G$, und alle Carter-Untergruppen entstehen auf diese Weise. Nach der Vorbemerkung ist $KH$ ein separables Radikalkomplement von $rad(KG)$ in $KG$. Sei $\tilde{C} = C_{E(KG)}(E(KH))$. Nach Satz 15 ist $\tilde{C}$ eine Carter-Untergruppe von $E(KG)$, die offenbar $C = C_G(H)$ enthält.
Für jede Untergruppe $H$ von $G$ gilt $C_{E(KG)}(E(KH)) \cap G = C_G(H)$

ad(ii): Dies folgt aus (i) mit Hilfe der Konjugiertheit der Carter-Untergruppen (vgl. Korollar 2). $\diamond$

In Folgerung 4 haben wir eingesehen, daß im Fall einer auflösbaren Gruppenalgebra $KG$ für eine Carter-Untergruppe $C$ von $G$ die Teilalgebra $KC$ wieder Lie-nilpotent ist. Es gilt jedoch:

**Proposition 7** *Seien $K$ ein Körper, $G$ eine endliche Gruppe, $C$ eine Carter-Untergruppe und $U$ eine echte Untergruppe von $G$, so dass $KG$ auflösbar ist.*

*(i) Genau dann ist $KC$ eine Cartan-Teilalgebra von $KG^\circ$, wenn $G$ abelsch ist.*

*(ii) $KU^\circ$ ist nicht maximal nilpotent. Insbesondere ist eine Cartan-Teilalgebra von $KG^\circ$ keine (innere) Gruppenalgebra $KU$.*

**Beweis**. ad(i)+(ii): Sei $KU^\circ$ maximal nilpotent. Dann enthält $KU^\circ$ das Zentrum von $KG$, also das lineare Erzeugnis aller Konjuguiertenklassensummen. Sei $g \in G \setminus Z(G)$. Dann ist $\overline{g^G}$ lineare Summe von Elementen von $U$. Aus einem Koeffizientenvergleich folgt leicht, dass $g \in U$ gilt. Auch jedes zentrale Element ist in $KU$ enthalten. Mit einem analogen Schluss über ein Koeffizientenvergleich gilt also $U = G$. Daraus folgt nun die komplette Behauptung.◇

Ein Zusammenhang zwischen Carter-Untergruppen und Cartan-Teilalgebren wie bei auflösbaren Algebren ist bei zentralen Divisionsalgebren nicht gegeben. Wir haben dort bewiesen, dass die separablen maximalen Teilkörper die Cartan-Teilalgebren sind. Es gilt jedoch:

**Proposition 8** *(Bauer, Siciliano) Sei $D$ eine zentrale Divisionsalgebra der Dimension 4 über einen Körper $K$ der Charakteristik $\neq 2$. Dann besitzt $E(D)$ keine abelsche Carter-Untergruppe.*

**Beweis**. Wir nehmen das Gegenteil, und daher sei $C$ eine abelsche Carter-Untergruppe von $E(D)$. Da nach einem Satz von William Raymond Scott (siehe Satz 10) die Einheitengruppe nicht nilpotent ist, enthält $C$ ein Element $y \in E(D) \setminus F$ (Denn sonst wäre $C$ nicht nur selbstnormal und nilpotent, sondern sogar zentral, also ganz $E(D)$.). Die Teilalgebra $K[y]$ von $D$ ist ein 2-dimensionaler und damit maximaler Teilkörper von $D$. Es folgt (da maximale Teilkörper selbstzentral sind) $C \subseteq C_{E(D)}(y) = C_{E(D)}(K[y]) = E(K[y]) \subseteq N_{E(D)}(C) = C$. Wir erhalten hieraus $C = E(K[y])$ und somit $N_{E(D)}(K[y]) = E(K[y])$. Wegen der Charakteristik von $K$ ist $K[y]$ eine Galois-Erweiterung von $K$ (siehe zum Beispiel das Kapitel über Quaternionenalgebren in diesem Buch), und somit gibt es einen Automorphismus der Ordnung 2 von $K[y]$, der $F$ elementweise festhält. Nach dem Skolem-Noether-Theorem (siehe z.B. 12.6 in [45]) ist dieser Automorphismus induziert von einer Konjugation eines geeigneten Elementes $x \in E(D)$. Es folgt $x \in N_{E(D)}(K[y]) \setminus E(K[y])$, ein Widerspruch.◇

### 4.4.2 Dreiecksmatrizen

Seien $K$ ein Körper, $n \in \mathbb{N}$ und $A = \delta_{u,n}$ oder $A = \delta_{o,n}$. In den Algebren der unteren und oberen Dreiecksmatrizen ist $D(n, K)$ ein selbstzentrales Radikalkomplement der Dimension $n$. Daher sind nach Satz 14 die Konjugierten von $D(n, K)$ unter $1 + rad(A)$ genau die Cartan-Teilalgebren von $A^\circ$, und nach Satz 16 im Fall der Charakteristik ungleich zwei ihre Einheitengruppen genau die Carter-Untergruppen von $E(A)$.

Im Falle eines endlichen Körpers ungerader Charakteristik sind also nach Satz 18 und nach Satz 17 diese Carter-Untergruppen genau die $p'$-Hall-Untergruppen. Von diesen gibt es genau $\mid rad(A) \mid$-viele. Dies sind genau

$\mid K \mid^{\frac{n(n-1)}{2}}$ Stück. Die Carter-Untergruppen sind zu dem $n$-fachen Produkt der multiplikativen Gruppe des Körpers isomorph. Die $p$-Sylow-Untergruppe ist $1 + rad(A)$ derselben Ordnung wie diese Anzahl. Ihre Nilpotenzklasse kann mit dem Satz von Xiankun Du berechnet werden, und sie ist nach Satz 5 genau $n$.◇

### 4.4.3 Solomon-Algebren in Charakteristik Null

Seien $K$ ein Körper der Charakteristik Null, $n \in \mathbb{N}$ und $A := D_n$. In der Solomon-Algebra gibt es ein selbstzentrales Radikalkomplement $H_n$ der Dimension $p(n)$. Daher sind nach Satz 14 die Konjugierten von $H_n$ unter $1 + rad(A)$ genau die Cartan-Teilalgebren von $A^\circ$, und nach Satz 16 sind ihre Einheitengruppen genau die Carter-Untergruppen von $E(A)$. Die Nilpotenzklasse der Eins-Einheiten ist genau $n - 1$.◇

### 4.4.4 Solomon-Tits-Algebren

Seien $K$ ein Körper, $n \in \mathbb{N}$ und $A = K\Pi_n$. In der Solomon-Tits-Algebra gibt es ein selbstzentrales Radikalkomplement $V_n$ der Dimension $B(n)$. Daher sind nach Satz 14 die Konjugierten von $V_n$ unter $1 + rad(A)$ genau die Cartan-Teilalgebren von $A^\circ$, und nach Satz 16 im Falle der Charakteristik ungleich zwei ihre Einheitengruppen genau die Carter-Untergruppen von $E(A)$.

Im Falle eines endlichen Körpers ungerader Charakteristik sind also nach Satz 18 und nach Satz 17 diese Carter-Untergruppen genau die $p'$-Hall-Untergruppen. Die Carter-Untergruppen sind zu dem $B(n)$-fachen Produkt der multiplikativen Gruppe des Körpers isomorph. Von diesen gibt es genau $\mid rad(A) \mid$-viele. Dies sind genau $\mid K \mid^{\sum_{k=0}^{n} (k!-1)\, S(n,k)}$ Stück. Die $p$-Sylow-Untergruppe ist $1 + rad(A)$ derselben Ordnung wie diese Anzahl. Ihre Nilpotenzklasse kann mit dem Satz von Xiankun Du berechnet werden, und sie ist nach Satz 7 genau $n$.◇

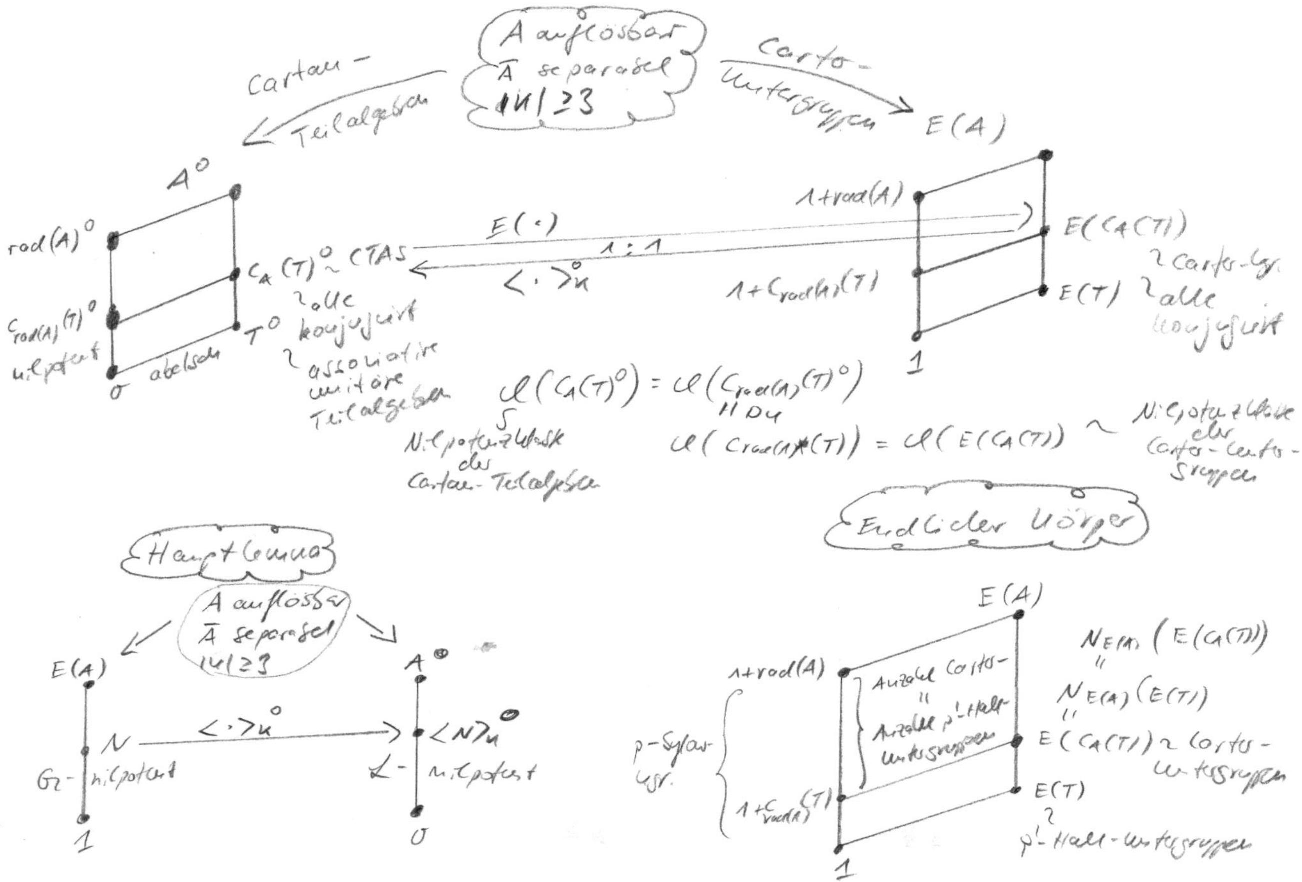
A auflösbar
Ā separabel
|K| ≥ 3
Cartan-Teilalgebren
Carter-Untergruppen
A°
rad(A)°
C_rad(A)(T)°
nilpotent
abelsch
C_A(T)° ~ CTAS
~ alle konjugiert
~ assoziative unitäre Teilalgebren
T°
E(·)
1:1
⟨·⟩_K°
E(A)
1+rad(A)
E(C_A(T))
~ Carter-Ugr.
1+C_rad(A)(T)
E(T)
~ alle konjugiert
1
Nilpotenzklasse der Cartan-Teilalgebren
Nilpotenzklasse der Carter-Untergruppen
Hauptlemma
A auflösbar
Ā separabel
|K| ≥ 3
N
G-nilpotent
⟨N⟩_K°
L-nilpotent
Endlicher Körper
Anzahl Carter- = Anzahl p'-Hall-Untergruppen
p-Sylow-Ugr.
E(C_A(T)) ~ Carter-Untergruppen
p'-Hall-Untergruppen

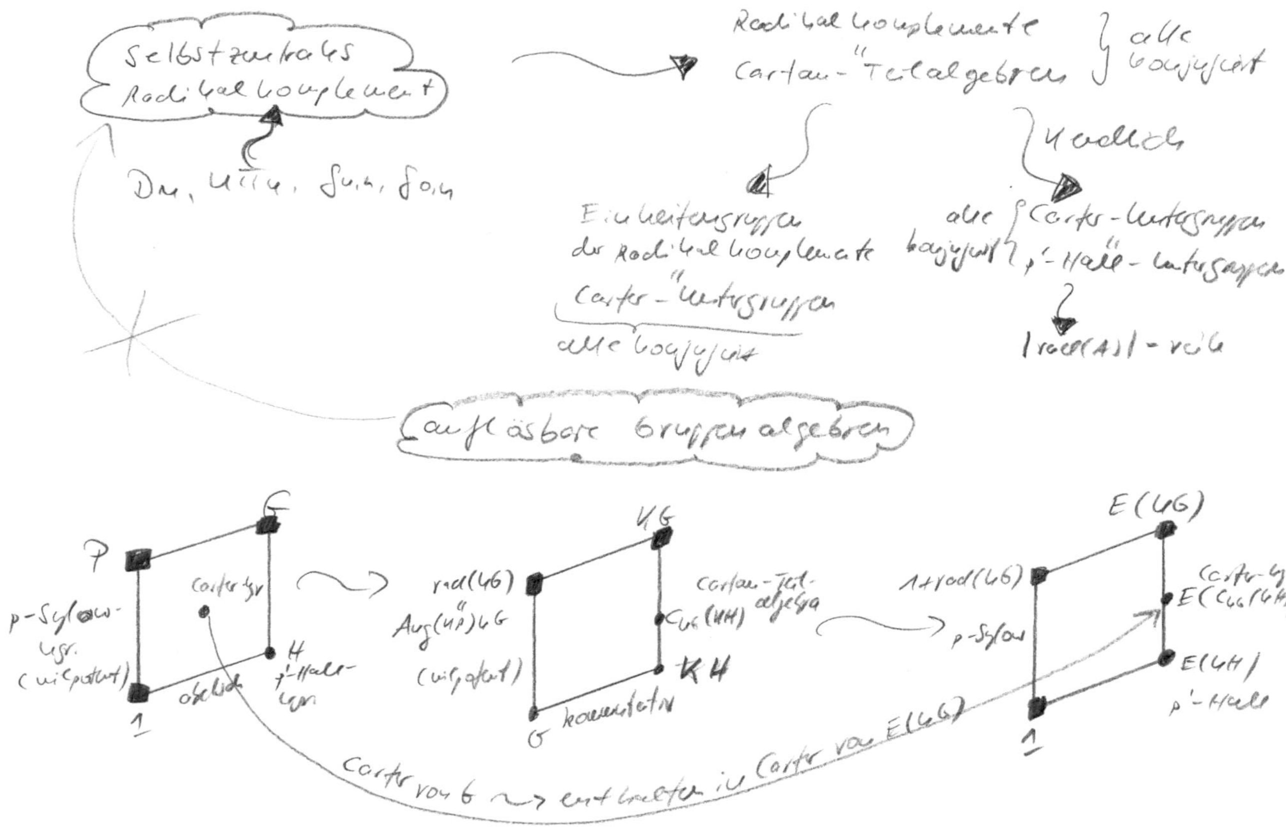
Selbstzentrales Radikalkomplement
Dm, Um, Sum, Som
Radikalkomplemente
Cartan-Teilalgebren
alle konjugiert
endlich
Einheitengruppen der Radikalkomplemente
Carter-Untergruppen
alle konjugiert
alle konjugiert
Carter-Untergruppen
p'-Hall-Untergruppen
|rad(A)|-viele
auflösbare Gruppenalgebren
p-Sylow-Ugr. (nilpotent)
Carter-Ugr
p'-Hall-Ugr
abelsch
rad(KG)
Aug(KP)KG
(nilpotent)
KG
Cartan-Teilalgebra
Cu(KH)
KH
kommutativ
1+rad(KG)
p-Sylow
E(KG)
Carter-Ugr: E(Cu(KH))
E(KH)
p'-Hall
Carter von G ~> enthalten in Carter von E(KG)

## 4.5 Offene Fragen und Übungsaufgaben

**Offene Fragen 3** *(i) Ist im Falle einer auflösbaren Gruppenalgebra eine Cartan-Teilalgebra isomorph zu einer Gruppenalgebra?*

*(ii) Welche Ergebnisse gibt es zu der hier vorgestellten Theorie ohne der Voraussetzung der Separabilität der Radikalfaktorstruktur?*

*(iii) Ist bei Gruppenalgebren die Erweiterung $\hat{C}$ eindeutig bestimmt (siehe Satz 19)?*

*(iv) Was sind die aufsteigenden Lie-Zentralreihen des Radikals der Solomon-Tits-Algebra sowie der Solomon-Algebra in Charakteristik Null?*

**Übungsaufgabe 56** *Seien $K$ ein endlicher Körper der Charakteristik $p$ und $G = D_{2p}$ oder $G = Q_{4p}$. Was lässt sich über folgende Thematiken aussagen:*

*(i) Was sind die Cartan-Teilalgebren von $KG^\circ$? Welche Dimension haben sie?*

*(ii) Was ist die $p$-Sylow-Untergruppe von $E(KG)$? Welche Ordnung hat sie? Kann man ihre Nilpotenzklasse berechnen oder abschätzen?*

*(iii) Wieviele $p'$-Hall-Untergruppen von $E(KG)$ gibt es? Wozu sind sie isomorph?*

*(iv) Wieviele Carter-Untergruppen von $E(KG)$ gibt es? Wozu sind sie isomorph?*

*(Hinweis: Man verwende auch Aussagen von Band I)*

**Übungsaufgabe 57** *Man übertrage den Abschnitt 4.2 auf nicht notwendig unitäre auflösbare Algebren mittels der Sterngruppe! (Tip: Band I.)*

**Übungsaufgabe 58** *Man untersuche, wie man aus einer (semi-)direkten Zerlegung einer assoziativen Algebra eine (semi-)direkte Zerlegung der Sterngruppe bzw. Einheitengruppe erhält. Gilt auch die Umkehrung? Speziell für die Gruppenalgebra starte man anschliessend mit einer (semi-)direkten Zerlegung der Ausgangsgruppe.*

**Übungsaufgabe 59** *Man wende die Sätze 17 und 18 auf die Dreiecksmatrizen und Solomon-Tits-Algebren an, und zwar für die Körper $GF(2^6)$, $GF(3^5)$, $GF(5^4)$, $GF(7^3)$, $GF(11^2)$ und für $n \leq 5$. Was lässt sich über die Struktur der Sylow-Untergruppen aussagen?*

**Übungsaufgabe 60** *Man zeige das Folgende genau:*

> *...Die letzte Aussage folgt daraus, dass die multiplikative Gruppe eines endlichen Körpers zyklisch ist, Untergruppen zyklischer Gruppen wieder zyklisch sind sowie sich Sylow-Untergruppen und direkte Produkte vertragen.*

*Wo wurde dies in diesem Kapitel benutzt?*

**Übungsaufgabe 61** *Seien $G$ eine Gruppe, $H, U$ Untergruppen von $G$ und $g \in G$. Dann gilt $C_G(H)^g = C_G(H^g)$. Was ist $C_U(H)^g$? (Hinweis: $C_U(H) := C_G(H) \cap U$)*

**Übungsaufgabe 62** *Seien $A$ eine endlich-dimensionale assoziative unitäre $K$-Algebra, $T$ eine unitale Teilalgebra von $A$ und $g$ eine Einheit von $A$. Dann gilt $E(T^g) = E(T)^g$. Was gilt im Falle eines Automorphismus $\alpha$ von $A$ statt der inneren Konjugation mit $g$?*

**Übungsaufgabe 63** *Man wende die Hauptergebnisse dieses Kapitels auf das direkte Produkt zweier Algebren an!*

**Übungsaufgabe 64** *Man wende die Hauptergebnisse dieses Kapitels auf ihre Invers-Algebra an!*

**Übungsaufgabe 65** *Man wende die Hauptergebnisse dieses Kapitels auf die Übungsaufgabe 53 an!*

**Übungsaufgabe 66** *Man wende die Hauptergebnisse dieses Kapitels auf die Übungsaufgabe 54 an!*

**Übungsaufgabe 67** *Man berechne die aufsteigende Zentralreihe des Radikals der Algebra der unteren Dreiecksmatrizen. Im Falle eines endlichen Körpers untersuche man dann, wozu die Faktorstücke der Zentralreihe in der Sterngruppe isomorph sind. Was gilt für das Zentrum? Man löse diese Aufgabe zunächst nur für kleine $n$, falls der allgemeine Fall zu kompliziert erscheint.*

**Übungsaufgabe 68** *Man berechne die aufsteigende Zentralreihe des Radikals der Algebra der oberen Dreiecksmatrizen. Im Falle eines endlichen Körpers untersuche man dann, wozu die Faktorstücke der Zentralreihe in der Sterngruppe isomorph sind. Was gilt für das Zentrum? Man löse diese Aufgabe zunächst nur für kleine $n$, falls der allgemeine Fall zu kompliziert erscheint.*

**Übungsaufgabe 69** *Man zeige, dass für eine auflösbare Untergruppe einer endlichen Gruppe ihre Gruppenalgebra weder auflösbar noch Lie-auflösbar sein muss. Was gilt für die Einheitengruppe?*

**Übungsaufgabe 70** *Seien p eine Primzahl ungleich 2, K ein Körper mit p Elementen und* $G := D_{2p}$*. Man untersuche (mit Hilfe der Ergebnisse in Band I zu den Cartan-Teilalgebren), ob die Carter-Untergruppen mit den* $p'$*-Hall-Untergruppen zusammenfallen. Wie kann man ihre Anzahl nach oben abschätzen? Kann man beide Untergruppen-Sorten direkt berechnen? Wie kann man ihre Nilpotenzklasse nach oben abschätzen? Kann man sie sogar genau berechnen?*

**Übungsaufgabe 71** *Seien p eine Primzahl ungleich 2, K ein Körper mit p Elementen und* $G := Q_{4p}$*. Man untersuche (mit Hilfe der Ergebnisse in Band I zu den Cartan-Teilalgebren), ob die Carter-Untergruppen mit den* $p'$*-Hall-Untergruppen zusammenfallen. Wie kann man ihre Anzahl nach oben abschätzen? Kann man beide Untergruppen-Sorten direkt berechnen? Wie kann man ihre Nilpotenzklasse nach oben abschätzen? Kann man sie sogar genau berechnen?*

# Kapitel 5

# Die Fitting-Untergruppe der Einheitengruppe einer auflösbaren assoziativen Algebra

Wir bestimmen in diesem Kapitel die Fitting-Untergruppe der Einheitengruppe einer auflösbaren assoziativen Algebra mit separabler Radikalfaktorstruktur. Es zeigt sich dabei ein verblüffender Zusammenhang zum Nilradikal, dessen Bestimmung wir bereits in Band I durchgeführt haben und jetzt noch einmal rekapitulieren:

## 5.1 Das Pendant in der Lie-Algebra

In Band I haben wir für auflösbare Algebren das folgende Resultat bewiesen:

**Satz 20** *Seien $K$ ein Körper, $A$ eine assoziative endlich-dimensionale unitäre auflösbare $K$-Algebra mit separabler Radikalfaktorstruktur und $Z$ das Radikalkomplement des Zentrums von $A$. Dann ist $rad(A) \oplus Z = rad(A) + Z(A)$ das Nilradikal von $A^\circ$. Insbesondere ist das Nilradikal eine unitale assoziative Teilalgebra von $A$ und die einzige maximal nilpotente Teilalgebra von $A^\circ$ oberhalb von $rad(A)$. Es hat die Dimension $dim_K(rad(A)) + dim_K(Z)$.$\diamond$*

Inwiefern das Nilradikal ein Pendant zur Fitting-Untergruppe darstellt, zeigen wir im nächsten Abschnitt.

## 5.2 Die Fitting-Untergruppe

**Definition und Bemerkung 3** Seien $G$ eine Gruppe. Nach dem Satz von Hans Fitting sind Produkte nilpotenter Normalteiler wieder nilpotent. Die

Fitting-Untergruppe von $G$ ist der grösste nilpotente Normalteiler, wenn er existiert – in Zeichen $F(G)$. Die zweite Fitting-Untergruppe erhält man folgendermassen: Man bilde die Fitting-Untergruppe von $G/F(G)$ und ermittle das Urbild dieser Untergruppe in $G$ vermöge des kanonischen Epimorphismus von $G$ auf $G/F(G)$ – in Zeichen $F^2(G)$. Es gilt also $F^2(G)/F(G) = F(G/F(G))$. $F^2(G)$ ist wieder ein Normalteiler, und so können wir die Fitting-Untergruppe von $G/F^2(G)$ bilden, usw. Auf diese Weise erhalten wir eine Serie von Normalteilern $F^n(G)$ in $G$ (falls sie existieren). $G$ ist genau dann auflösbar, wenn diese aufsteigende Serie in endlich vielen Schritten $G$ erreicht. Die Anzahl der Normalteiler in dieser Serie wird dann Fitting-Länge genannt. Eine Interpretation der Fitting-Länge ist die, wieweit eine auflösbare Gruppe von ihrer Nilpotenz entfernt ist.$\diamond$

Auch hier ist für die Ermittlung der Fitting-Untergruppe das Lemma 4 entscheidend:

**Satz 21** *Seien $K$ ein Körper, $A$ eine assoziative endlich-dimensionale unitäre auflösbare $K$-Algebra mit separabler Radikalfaktorstruktur und $Z$ das Radikalkomplement des Zentrums von $A$. Die Fitting-Untergruppe von $E(A)$ ist die Einheitengruppe des Nilradikals von $A°$, also $(1 + rad(A)) \times E(Z)$. Die zweite Fitting-Untergruppe ist die ganze Einheitengruppe. Es gilt die Identität $cl(F(E(A))) = cl(rad(A)°)$. Die Fitting-Untergruppe ist eine maximal nilpotente Untergruppe von $E(A)$.*

<u>**Beweis:**</u> Nach Satz 20 ist $rad(A) \oplus Z$ das Nilradikal von $A°$. Da $rad(A)$ ein nilpotentes Ideal und $Z$ zentral in $A$ ist, folgt aus Proposition 1.1.8 in [68], dass die Einheitengruppe des Nilradikals das direkte Produkt der nilpotenten Normalteiler $1 + rad(A)$ und $E(Z)$. Daher ist die Einheitengruppe des Nilradikals von $A°$ ein nilpotenter Normalteiler von $E(A)$.
Sei nun $N$ ein nilpotenter Normalteiler von $E(A)$. Da $1 + rad(A)$ ein nilpotenter Normalteiler ist, ist es nach einem Satz von Hans Fitting auch $N(1+rad(A))$. Nach Lemma 4 ist dann das $K$-Erzeugnis $\langle(1+rad(A))N\rangle_K$ Lie-nilpotent und enthält $rad(A)$. Aus Satz 20 folgt nun $\langle N\rangle_K \subseteq \langle(1 + rad(A))N\rangle_K \subseteq rad(A) \oplus Z$. Insbesondere gilt nun $N \leq E(\langle N\rangle_K) \leq E(\langle(1+rad(A))N\rangle_K) \leq E(rad(A) \oplus Z)$. Da die Faktorstruktur modulo der Fitting-Untergruppe abelsch ist, folgt nun, daß $E(A)$ die Fitting-Länge zwei besitzt. Die Behauptung zur Nilpotenzklasse folgt aus dem Satz von Xiankun Du 3. Da die Fitting-Untergruppe die Ableitung enthält, ist jede Untergruppe oberhalb der Fitting-Untergruppe ein Normalteiler von $E(A)$. Aus der Definition der Fitting-Untergruppe gibt es daher keine nilpotente Untergruppe echt oberhalb der Fitting-Untergruppe.$\diamond$

## 5.3 Standard-Beispiele

### 5.3.1 Dreiecksmatrizen

Seien $K$ ein Körper und $n \in \mathbb{N}$. Die Algebra $A$ der oberen bzw. unteren Dreiecksmatrizen von $K^{n \times n}$ besitzt als Radikal die Menge der strikt oberen bzw. der strikt unteren Dreiecksmatrizen. Diese hat die Dimension $\sum_{i=1}^{n-1} i = \frac{1}{2}(n-1)n$. Das Zentrum besteht nur aus den Vielfachen der Einheitsmatrix, die Algebra ist also zentral. Es besitzt die Dimension 1. Insgesamt folgt also mit Satz 20 für das Nilradikal der oberen bzw. unteren Dreiecksmatrizen gelten:

· $nil(\delta_{o,n}{}^{\circ}) = s\delta_{u,n} \oplus K \cdot 1$

· $dim_K(nil(\delta_{o,n}{}^{\circ})) = 1 + \frac{1}{2}(n-1)n$

· $nil(\delta_{u,n}{}^{\circ}) = s\delta_{u,n} \oplus K \cdot 1$

· $dim_K(nil(\delta_{u,n}{}^{\circ})) = 1 + \frac{1}{2}(n-1)n.\diamond$

Nach Satz 21 ist die Einheitengruppe des Nilradikals genau die Fitting-Untergruppe. Diese ist also zu dem direkten Produkt von $1 + rad(A)$ und $(K \setminus \{0\}) \cdot 1$ isomorph. Ihre Nilpotenzklasse entspricht der von $1 + rad(A)$, und sie ist nach Satz 5 genau $n.\diamond$

### 5.3.2 Solomon-Algebren in Charakteristik Null

Seien $K$ ein Körper mit $char(K) = 0$, $n \in \mathbb{N}$ und $D_n$ die Solomon-Algebra. In Band I haben wir bereits das Nilradikal bestimmt, und es gilt:

· $nil(D_n{}^{\circ}) = rad(D_n) \oplus Z(D_n)$

· $dim_K(nil(D_n{}^{\circ})) = 2^{n-1} - p(n) + 3$, falls $n$ gerade ist

· $dim_K(nil(D_n{}^{\circ})) = 2^{n-1} - p(n) + 2$, falls $n$ ungerade ist.$\diamond$

Für die Fitting-Untergruppe ergibt sich also nach Satz 21:

· Die Fitting-Untergruppe von $E(D_n)$ ist die Einheitengruppe des Nilradikals von $(D_n)^{\circ}$.

· Die Fitting-Untergruppe von $E(D_n)$ ist genau $(1 + rad(D_n)) \times E(Z(D_n))$.

Ihre Nilpotenzklasse stimmt mit der von $(1 + rad(D_n))$ überein, und diese ist nach Satz 6 genau $n - 1.\diamond$

### 5.3.3 Solomon-Tits-Algebren

Seien $K$ ein Körper, $n \in \mathbb{N}$ und $K\Pi_n$ die Solomon-Tits-Algebra. In Band I haben wir bereits das Nilradikal ermittelt:

- $nil(K\Pi_n{}^\circ) = rad(K\Pi_n) \oplus K \cdot 1$
- $dim_K(nil(K\Pi_n{}^\circ)) = 1 + \sum\limits_{k=0}^{n} (k! - 1)\, S(n,k)$.◇

Für die Fitting-Untergruppe ergibt sich also nach Satz 21:

- Die Fitting-Untergruppe von $E(K\Pi_n)$ ist die Einheitengruppe des Nilradikals von $(K\Pi_n)^\circ$.
- Besitzt $K$ genau zwei Elemente, so ist die Fitting-Untergruppe von $E(K\Pi_n)$ genau $1 + rad(K\Pi_n)$.
- Besitzt $K$ mindestens drei Elemente, so ist die Fitting-Untergruppe von $E(K\Pi_n)$ genau $(1 + rad(K\Pi_n)) \times ((K \setminus \{0\}) \cdot 1)$.

Ihre Nilpotenzklasse stimmt mit der von $(1 + rad(K\Pi_n))$ überein, und diese ist nach Satz 7 genau $n$.◇

### 5.3.4 Gruppenalgebren

In Band I haben wir bereits das Nilradikal der auflösbaren Gruppenalgebra ermittelt:

**Satz 22** *Seien $G$ eine endliche Gruppe und $K$ ein Körper der Charakteristik $p > 0$, so dass $KG$ auflösbar ist. Sind $H$ eine $p'$-Hall-Untergruppe und $P$ die normale p-Sylow-Untergruppe von $G$, so ist $(Aug(KP)KG) \oplus K(Z(G) \cap H)$ das Nilradikal von $(KG)^\circ$.*

Nach Satz 21 ist die Einheitengruppe von $(Aug(KP)KG) \oplus K(Z(G) \cap H)$ genau die Fitting-Untergruppe von $E(KG)$. Diese ist also $(1 + Aug(KP)KG) \times E(K(Z(G) \cap H))$. Ihre Nilpotenzklasse stimmt nach dem Satz von Xiankun Du 3 mit der von $(Aug(KP)KG)^\circ$ überein. Eine allgemeine Beschreibung dieser Klasse ist dem Autor nicht bekannt. Wir können sie durch die assoziative Nilpotenzklasse von $Aug(KP)KG$ nach oben abschätzen. Diese stimmt mit der assoziativen Nilpotenzklasse von $Aug(KP)$ überein. Auch die allgemeine Ermittlung dieser Nilpotenzklasse ist dem Autor nicht bekannt.◇

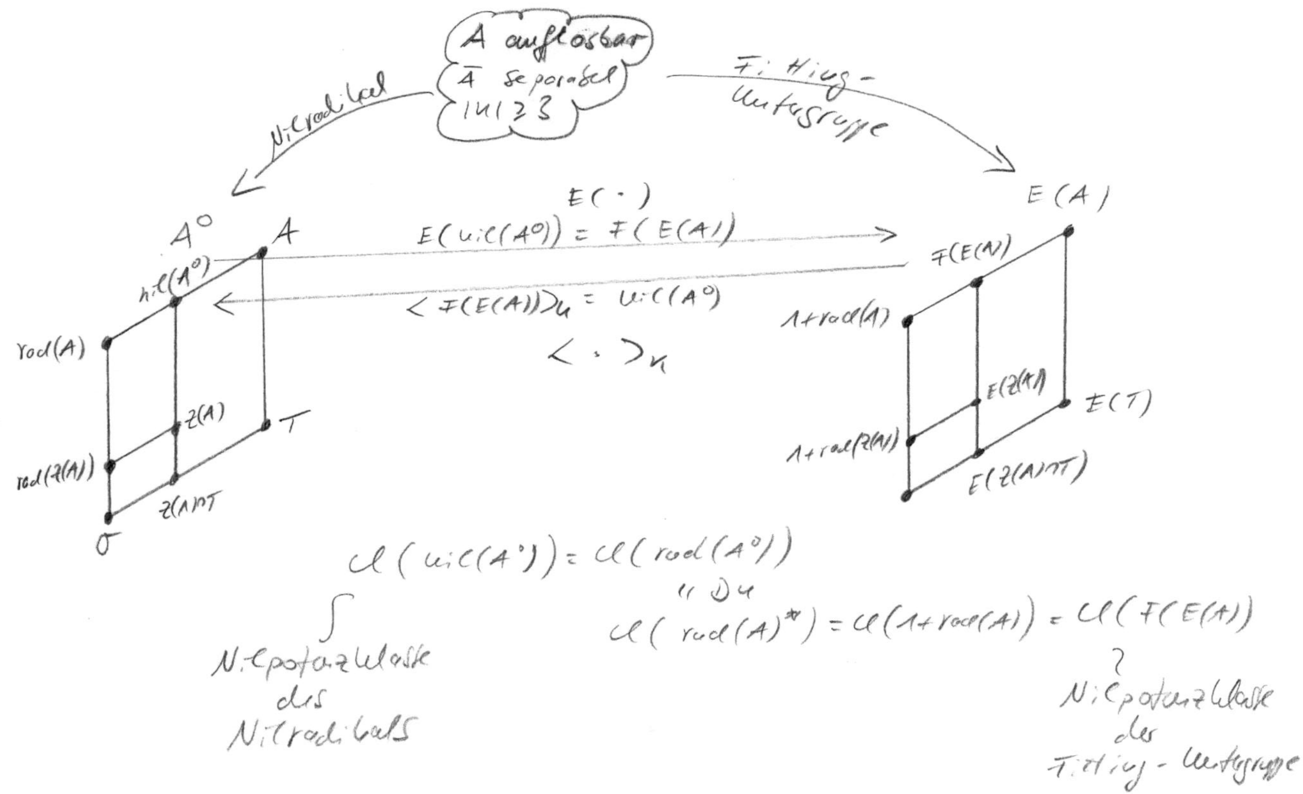
A auflösbar
$\bar{A}$ separabel
|K| ≥ 3
Nilradikal
Fitting-Untergruppe
$A^0$
A
E(·)
E(A)
$E(nil(A^0)) = F(E(A))$
$\langle F(E(A))\rangle_K = nil(A^0)$
$\langle \cdot \rangle_K$
$nil(A^0)$
rad(A)
Z(A)
T
rad(Z(A))
Z(A)∩T
σ
F(E(A))
1+rad(A)
E(Z(A))
E(T)
1+rad(Z(A))
E(Z(A)∩T)
$cl(nil(A^0)) = cl(rad(A^0))$
$cl(rad(A)^*) = cl(1+rad(A)) = cl(F(E(A)))$
Nilpotenzklasse des Nilradikals
Nilpotenzklasse der Fitting-Untergruppe

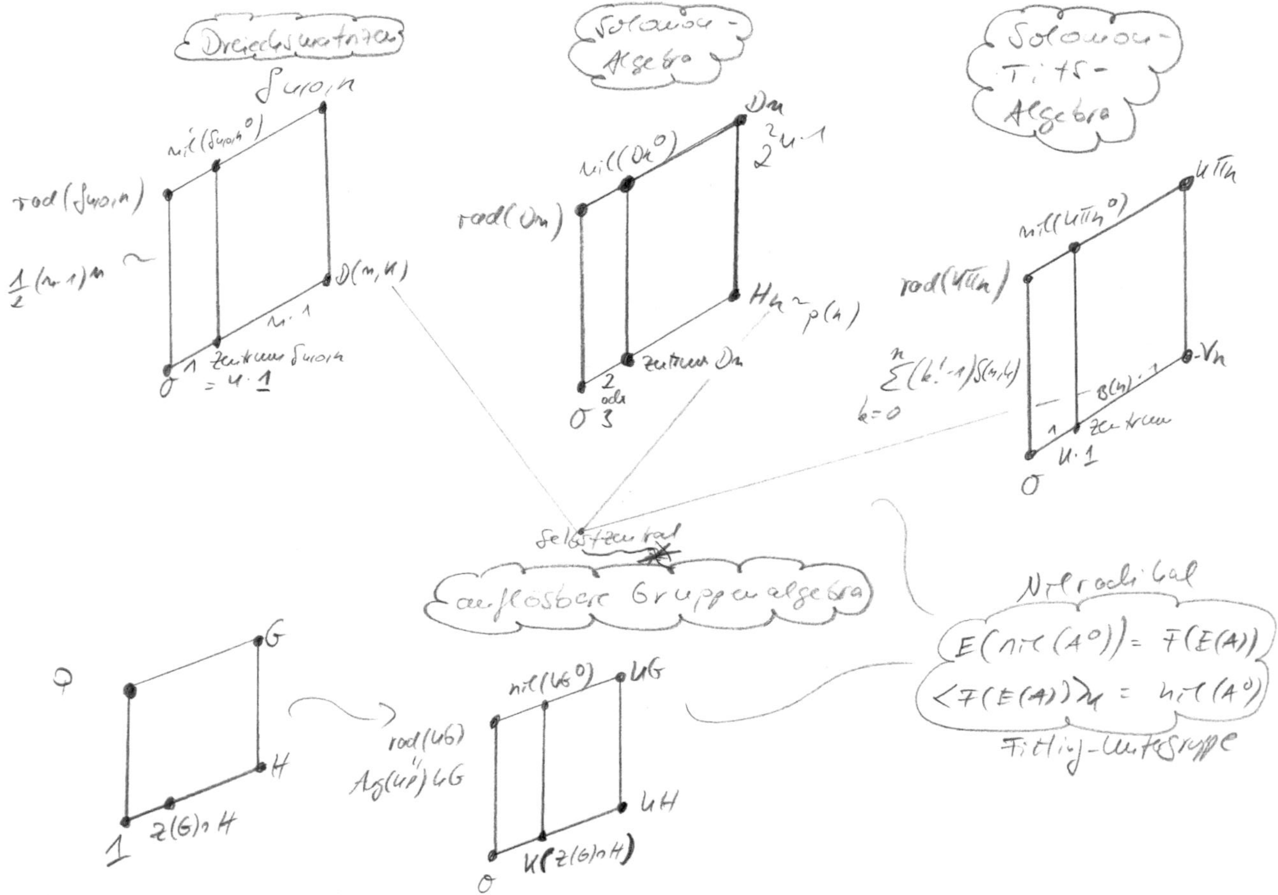

Dreiecksmatrizen
Solomon-Algebra
Solomon-Tits-Algebra
auflösbare Gruppenalgebra
selbstzentral
Nilradikal
Fitting-Untergruppe

## 5.4 Offene Fragen und Übungsaufgaben

**Offene Fragen 4** *(i) Gibt es neben dem Zusammenhang zwischen Nilradikal und Fitting-Untergruppe eventuell auch Zusammenhänge zwischen den höheren Fitting-Untergruppen und geeigneten Lie-Idealen?*

*(ii) Was ist die Nilpotenzklasse von* $(Aug(KP)KG)^\circ$ *im auflösbaren Fall der Gruppenalgebra* $KG$*?*

*(iii) Was ist die assoziative Nilpotenzklasse von* $Aug(KP)$*?*

**Übungsaufgabe 72** *Sei* $K$ *ein Körper. Man bestimme eine allgemeine Jordan-Zerlegung der Matrizen* $\begin{pmatrix} 1 & 2 & 3 \\ 0 & 1 & 2 \\ 0 & 0 & 1 \end{pmatrix}$ *und* $\begin{pmatrix} 1 & 2 \\ 1 & 1 \end{pmatrix}$*. (Hinweis: Band I)*

**Übungsaufgabe 73** *Sei* $K$ *ein Körper. Man bestimme die Fitting-Null-Komponenten der linearen Abbildungen gegeben durch die beiden Matrizen* $\begin{pmatrix} 1 & 2 & 3 \\ 0 & 1 & 2 \\ 0 & 0 & 1 \end{pmatrix}$ *und* $\begin{pmatrix} 1 & 2 \\ 1 & 1 \end{pmatrix}$ *Was ist die Fitting-Null-Komponente der Menge dieser beiden linearen Abbildungen? (Tip: Band I)*

**Übungsaufgabe 74** *Seien* $K$ *ein Körper und* $n \in \{4, 5\}$*. Man bestimme das Nilradikal bzw. die Fitting-Untergruppe der assoziierten Lie-Algebra bzw. der Einheitengruppe der Algebra der unteren Dreiecksmatrizen von* $K^{n \times n}$*. Welche Dimension hat das Nilradikal? Welche Mächtigkeit hat die Fitting-Untergruppe im Falle von* $K = GF(9)$*? Welche Nilpotenzklasse hat sie? Was ändert sich beim Übergang zu* $GF(9^r)$ *für* $r \in \mathbb{N}$*?*

**Übungsaufgabe 75** *Seien* $K$ *ein Körper der Charakteristik Null und* $n \in \{4, 5\}$*. Man bestimme das Nilradikal bzw. die Fitting-Untergruppe der assoziierten Lie-Algebra bzw. der Einheitengruppe der Solomon-Algebra. Welche Dimension hat das Nilradikal? Welche Nilpotenzklasse hat die Fitting-Untergruppe?*

**Übungsaufgabe 76** *Seien* $K$ *ein Körper der Charakteristik Null und* $n \in \{4, 5\}$*. Man bestimme das Nilradikal bzw. die Fitting-Untergruppe der assoziierten Lie-Algebra bzw. der Einheitengruppe der Solomon-Tits-Algebra. Welche Dimension hat das Nilradikal? Welche Nilpotenzklasse hat die Fitting-Untergruppe? Welche Mächtigkeit hat die Fitting-Untergruppe im Falle von* $K = GF(9)$*? Was ändert sich beim Übergang zu* $GF(9^r)$ *für* $r \in \mathbb{N}$*?*

**Übungsaufgabe 77** *Man wende die Hauptergebnisse dieses Kapitels auf das direkte Produkt zweier Algebren an!*

**Übungsaufgabe 78** *Man wende die Hauptergebnisse dieses Kapitels auf ihre Invers-Algebra an!*

**Übungsaufgabe 79** *Man wende die Hauptergebnisse dieses Kapitels auf die Übungsaufgabe 53 an!*

**Übungsaufgabe 80** *Man wende die Hauptergebnisse dieses Kapitels auf die Übungsaufgabe 54 an!*

**Übungsaufgabe 81** *Man übertrage die Hauptergebnisse dieses Kapitels auf nicht notwendig unitäre auflösbare Algebren mittels der Sterngruppe! (Tip: Band I.)*

**Übungsaufgabe 82** *Was lässt sich im Rahmen der Übung 56 mit den Hauptergebnissen dieses Kapitels herleiten?*

**Übungsaufgabe 83** *Seien $p$ eine Primzahl ungleich 2, $K$ ein Körper mit $p$ Elementen und $G := D_{2p}$. Was lässt sich zum Nilradikal und der Fitting-Untergruppe mit den Ergebnissen dieses Kapitels aussagen?*

**Übungsaufgabe 84** *Seien $p$ eine Primzahl ungleich 2, $K$ ein Körper mit $p$ Elementen und $G := Q_{4p}$. Was lässt sich zum Nilradikal und der Fitting-Untergruppe mit den Ergebnissen dieses Kapitels aussagen?*

# Kapitel 6

# Maximale Nilpotenz in Lie-Algebren assoziiert zu auflösbaren assoziativen Algebren

Ziel dieses Kapitels ist es, sämtliche maximal nilpotente Lie-Teilalgebren zu beschreiben, und zwar hinsichtlich folgender Fragestellungen:

- Ist eine maximal Lie-nilpotente Teilalgebra wieder eine assoziative unitale Teilalgebra?
- Was ist die innere Struktur dieser Teilalgebren?
- Wie können wir diese Teilalgebren konstruktiv ermitteln?
- Wie zeichnen sie sich aus?
- Welche besondere Stellung haben die Cartan-Teilalgebren und das Nilradikal?
- Wie kann die Anzahl der Isomorphietypen verschiedener maximal nilpotenter Teilalgebren abgeschätzt werden?

Wir werden in diesem Kapitel sämtliche dieser Fragen beantworten. Ein hilreiches Konzept wird dabei das der iterierten Doppel-Zentralisator-Bildung sein.

## 6.1 Assoziative Abgeschlossenheit

**Lemma 6** *Seien $K$ ein Körper, $A$ eine endlich-dimensionale assoziative (unitäre) $K$-Algebra, $L$ eine nilpotente Lie-Teilalgebra von $A^\circ$, $r \in \mathbb{N}$ und $x, y, l \in A$. Dann gelten folgende Aussagen:*

*(i)* $(xy)\,\mathrm{ad}(l)^r = \sum_{i=0}^{r} \binom{r}{k} xad(l)^k\, yad(l)^{r-k}$

*(ii) Es ist* $L_0(ad(l)) := \{x \mid x \in A, \exists n \in \mathbb{N} : xad(l)^n = 0\}$ *eine assoziative (unitale) Teilalgebra von* $A$.

*(iii)* $L$ *operiert auf dem assoziativen Teilalgebrenerzeugnis* $\langle L\rangle_{\mathcal{A}}$ *nilpotent.*

**Beweis**. ad(i): Diese Rechenübung wird dem Leser überlassen.

ad(ii): Seien $a, b \in L_0(ad(l))$, $c \in K$ und $n, m \in \mathbb{N}$ mit $aad(l)^n = 0 = bad(l)^m$. Sei $s := n+m$. Dann gelten offenbar $(a+b)ad(l)^s = 0 = (ca)ad(l)^s = 1ad(l)^1$. Mit Hilfe von Teil (i) folgt sogar $(ab)ad(l)^s = 0$. Damit ist $L_0(ad(l))$ eine assoziative (unitale) Teilalgebra.

ad(iii): Mit Hilfe eines Satzes von Friedrich Engel muss nur eingesehen werden, dass jedes Element von $L$ auf $\langle L\rangle_{\mathcal{A}}$ nilpotent operiert. Dies folgt aber aus (ii).◇

In dem folgenden Lemma fassen wir einige Tatsachen aus Band I sowie bekannte Eigenschaften zu auflösbaren Algebren zusammen. Dabei sei ein Paar $(r; s)$ eine allgemeine Jordan-Zerlegung von $r + s$, wenn $r$ nilpotent, $s$ vollseparabel sind und $r \circ s = 0$ gilt (vgl. Band I).

**Lemma 7** *Seien* $K$ *ein Körper,* $A$ *eine endlich-dimensionale assoziative (unitäre) auflösbare* $K$*-Algebra mit separabler Radikalfaktorstruktur,* $r, s, a \in A$ *und* $T$ *eine (unitale) Teilalgebra von* $A$.

*(i)* $T$ *ist eine endlich-dimensionale assoziative (unitäre) auflösbare* $K$*-Algebra mit separabler Radikalfaktorstruktur.*

*(ii) Ist* $(r; s)$ *eine allgemeine Jordan-Zerlegung von* $a$*, so ist* $(ad(r); ad(s))$ *eine allgemeine Jordan-Zerlegung von* $ad(a)$.

**Beweis**. ad(i): siehe [67]

ad(ii): siehe [70].◇

Nun können wir Lemma 6 für spezielle auflösbare Algebren erweitern:

**Lemma 8** *Seien* $K$ *ein Körper,* $A$ *eine endlich-dimensionale assoziative auflösbare (unitäre)* $K$*-Algebra mit separabler Radikalfaktorstruktur und* $L$ *eine nilpotente Lie-Teilalgebra von* $A^\circ$*. Dann ist* $\langle L\rangle_{\mathcal{A}}$ *ebenfalls Lie-nilpotent.*

**Beweis**. Nach Lemma 6 operiert die nilpotente Lie-Teilalgebra $L$ sogar nilpotent auf ganz $\langle L\rangle_{\mathcal{A}}$. Mit einem Satz von Friedrich Engel müssen wir einsehen, dass für $x, y \in L$ mit $ad(x), ad(y)$ sogar $ad(xy)$ nilpotent auf $\langle L\rangle_{\mathcal{A}}$ operiert. Wir betrachten die unitalen assoziativen Teilalgebren $K[x]$ und $K[y]$.

Nach Lemma 7 haben beide dieser kommutativen Teilalgebren separable Radikalfaktorstrukturen. Also besitzen $x$ und $y$ allgemeine Jordan-Zerlegungen $(r; s)$ und $(a; b)$. Nach dem gleichen Lemma sind dann $(ad(r); ad(s))$ und $(ad(a); ad(b))$ allgemeine Jordan-Zerlegungen von $ad(x)$ und $ad(y)$. Die Einschränkungen aller beteilgten $ad$-Abbildungen auf $\langle L\rangle_A$ bleiben dann Jordan-Zerlegungen. $ad(x)$ und $ad(y)$ operieren aber nilpotent auf $\langle L\rangle_A$. Aus der Eindeutigkeit der Jordan-Zerlegung erhalten wir, dass $ad(s)$ und $ad(b)$ ganz $\langle L\rangle_A$ zentralisieren. Es gilt $xy = (r+s)(a+b) = (ra+rb+sa)+sb$. Wegen der Auflösbarkeit von $A$ ist das Radikal von $A$ genau die Menge der nilpotenten Elemente von $A$ (siehe Band I). Also ist das Element $ra+rb+sa$ nilpotent. Da $s, b$ zentral in $\langle L\rangle_A$ ist, ist es auch das Produkt $sb$. Damit ist $(ra+rb+sa; sb)$ eine allgemeine Jordan-Zerlegung von $xy$ in $\langle L\rangle_A$, wobei $sb$ zentral in $\langle L\rangle_A$ ist. Also ist nach Lemma 7 auch $ad(ra+rb+sa); ad(sb))$ eine Jordan-Zerlegung von $ad(xy)$ (jeweils eingeschränkt auf $\langle L\rangle_A$). Da $sb$ zentral in $\langle L\rangle_A$ ist, ist somit $ad(ra+rb+sa)$ eingeschränkt auf $\langle L\rangle_A$ mit $ad(xy)$ identisch. Somit operiert $ad(xy)$ nilpotent auf $\langle L\rangle_A$.$\diamond$

Mit den bisherigen Ergebnissen können wir die assoziative Abgeschlossenheit maximal nilpotenter Lie-Teilalgebren in assoziierten Algebren zu auflösbaren endlich-dimensionalen unitären assoziativen Algebren mit separabler Radikalfaktorstruktur herleiten. Für Cartan-Teilalgebren hatten wir diese Tatsache bereits sehr allgemein in Band I hergeleitet. Ebenso haben wir diese Aussage auch für das Nilradikal in Band I in demselben Rahmen nachgewiesen.

**Satz 23** *Seien $K$ ein Körper, $A$ eine endlich-dimensionale assoziative und auflösbare (unitäre) $K$-Algebra mit separabler Radikalfaktorstruktur und $L$ eine maximal nilpotente Lie-Teilalgebra von $A^\circ$. Dann ist $L$ eine assoziative (unitale) Teilalgebra von $A$.*

**Beweis**. Nach Lemma 8 ist mit $L$ sogar dass assoziative Algebrenerzeugnis von $L$ Lie-nilpotent. Aus der Maximalität von $L$ stimmt also $L$ mit $\langle L\rangle_A$ überein, und $L$ hat die gewünschten Eigenschaften.$\diamond$

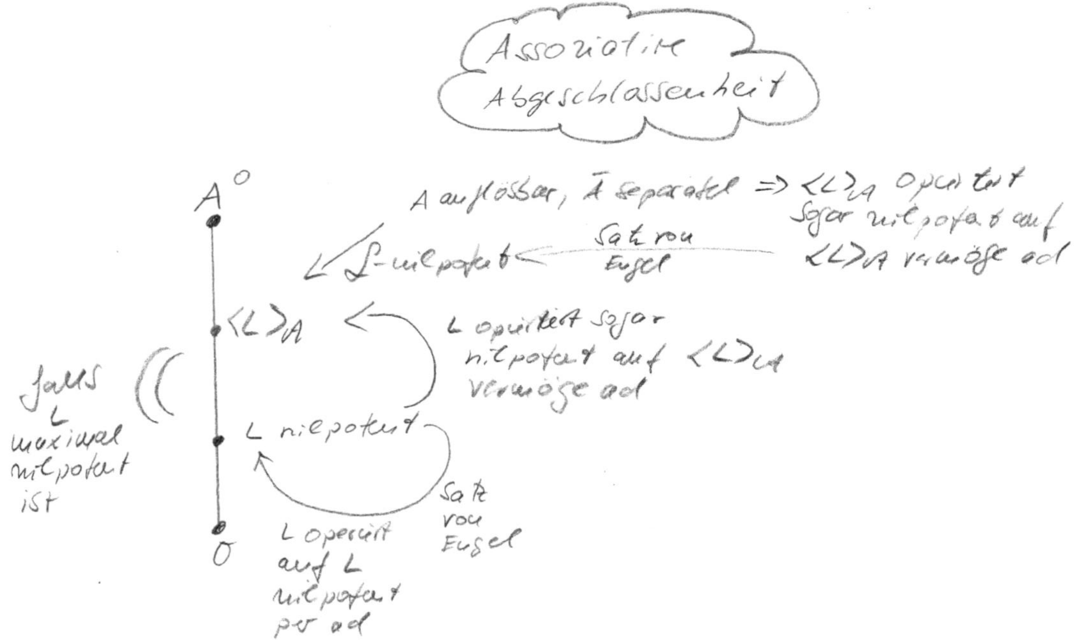
Assoziative Abgeschlossenheit
A°
A auflösbar, Ā separabel ⇒ ⟨L⟩A operiert sogar nilpotent auf ⟨L⟩A vermöge ad
Satz von Engel
𝓛-nilpotent
⟨L⟩A
L operiert sogar nilpotent auf ⟨L⟩A vermöge ad
falls L maximal nilpotent ist
L nilpotent
Satz von Engel
L operiert auf L nilpotent per ad
0

## 6.2 Mehrfach-Zentralisatoren

Wir sehen zunächst ein, dass maximal Lie-nilpotente Teilalgebren gewisse Zentralisator- und Doppel-Zentralisator-Bedingungen erfüllen:

**Lemma 9** *Seien $K$ ein Körper mit mindestens drei Elementen, $A$ eine endlich-dimensionale assoziative unitäre auflösbare $K$-Algebra mit separabler Radikalfaktorstruktur und $M$ eine maximal Lie-nilpotente Teilalgebra von $A^\circ$. Dann gibt es ein Radikalkomplement $T$ von $rad(A)$ in $A$, so dass folgende Aussagen gelten:*

*(i) $M$ besitzt ein zentrales Radikalkomplement $C$ von $rad(M)$ in $M$, dass in $T$ enthalten ist.*

*(ii) $C_{rad(A)}(C) = rad(M)$*

*(iii) $C_T(rad(M)) = C$*

*(iv) $C_T(C_{rad(A)}(C)) = C$*

*(v) $C_{rad(A)}(C_T(rad(M))) = rad(M)$.*

<u>**Beweis**</u>. ad(i): Nach Satz 23 ist $M$ eine assoziative $K$-Teilalgebra, die nach Lemma 16 genau ein zentrales Radikalkomplement $C$ besitzt. Dieses kann nach einer Erweiterung der Konjugiertheitsaussage des Satzes von Wedderburn-Malcev zu einem Radikalkomplement $T$ erweitert werden (siehe z.B. [67]).

ad(ii): Da $C$ nach (i) zentral in $M$ liegt, vertauschen $C$ und $rad(M)$ paarweise. Da $A$ auflösbar ist, stimmt nach Band I ([67]) das Radikal von $A$ mit der Menge der nilpotenten Elemente überein. Also gilt $rad(M) \leq C_{rad(A)}(C)$. Betrachten wir die Telalgebra $C_{rad(A)}(C) \oplus C$, so enthält diese $M$. $C$ ist in ihr ein zentrales Radikalkomplement zum Radikal $C_{rad(A)}(C)$. Daher ist sie Lie-nilpotent. Aus der Maximalität von $M$ folgt dann (ii).

ad(iii): Da nach (i) die Teilalgebra $C$ zentral in $M$ ist, erhalten wir $C \leq C_T(rad(M))$. Wir betrachten nun dual zu (ii) die Teilalgebra $rad(M) \oplus C_T(rad(M))$. Da offenbar $C_T(rad(M))$ in dieser Teilalgebra ein zentrales Radikalkomplement zu $rad(M)$ ist, ist diese Teilalgebra Lie-nilpotent und enthält $M$. Aus der Maximalität von $M$ folgt dann die Behauptung.

ad(iv)+(v): Diese Eigenschaften folgen direkt aus (ii) und (iii).◇

Mit Hilfe der Teile (iv) und (v) dieses Lemma erhalten wir eine Idee, wie wir maximal Lie-nilpotente Teilalgebren konstruieren können, und wir werden einsehen, dass wir so sämtliche dieser Teilalgebren erfassen. Dazu benötigen wir die folgende Definition:

**Definition 1** Seien $K$ ein Körper, $A$ eine endlich-dimensionale assoziative $K$-Algebra mit separabler Radikalfaktorstruktur, $T$ ein Radikalkomplement von $rad(A)$ in $A$, $C$ eine Teilalgebra von $T$ und $N$ eine Teilalgebra von $rad(A)$.

Wir definieren im Folgenden zwei Folgen von Teilalgebren beginnend mit $C$ bzw. mit $I$. Seien $\mathfrak{J}_1(I) := I$ und für $i \geq 2$ die Folgeglieder rekursiv definiert durch

$$\mathfrak{J}_i(I) := \begin{cases} C_T(\mathfrak{J}_{i-1}(I)) & , \ i \text{ gerade} \\ C_{rad(A)}(\mathfrak{J}_{i-1}(I)) & , \ i \text{ ungerade} \end{cases} .$$

Des Weiteren seien $\mathfrak{T}_1(C) := C$ und für $i \geq 2$ die Folgeglieder rekursiv definiert durch

$$\mathfrak{T}_i(C) := \begin{cases} C_{rad(A)}(\mathfrak{T}_{i-1}(C)) & , \ i \text{ gerade} \\ C_T(\mathfrak{T}_{i-1}(C)) & , \ i \text{ ungerade} \end{cases} .$$

Die erste Folge beginnt mit $C$, berechnet dann den Zentralisator $Z$ von $C$ in $rad(A)$, von $Z$ dann den Zentralisator $Y$ in $T$, und nun geht es analog weiter mit $Y$ statt mit $C$.

Bei der zweiten Folge beginnen wir nicht im Radikalkomplement, sondern im Radikal mit $I$, berechnen den Zentralisator $Z$ von $I$ in $T$, von $Z$ den Zentralisator $Y$ in $rad(A)$, und nun geht es analog weiter mit $Y$ statt mit $I$.

Beide Folgen springen also mittels Zentralisatoren zwischen Radikal und Radikalkomplement hin und her, die Folgenglieder sind also insbesondere assoziative Teilalgebren. Eine Zeichnung am Ende des Kapitels mag die Folgen dem Leser verdeutlichen. Wir werden nun in unserem Fall einer auflösbaren Algebra diese beiden Folgen hinsichtlicher diverser Thematiken zur maximalen Lie-Nilpotenz analysieren. Dabei wird von besonderem Interesse sein, wann die Folgen stagnieren und welche Teilalgebren dann entstehen.$\diamond$

Wir beginnen mit ersten Eigenschaften beider Folgen. Bis auf Aussage (xi), die aus dem vorherigen Lemma folgt, sind die Aussagen elementarer Natur.

**Proposition 9** *Seien $K$ ein Körper, $A$ eine endlich-dimensionale assoziative $K$-Algebra mit separabler Radikalfaktorstruktur, $T$ ein Radikalkomplement von $rad(A)$ in $A$, $C, D$ Teilalgebren von $T$ und $N, M$ Teilalgebren von $rad(A)$. Dann gelten folgende Aussagen:*

*(i)* $C \leq C_T(C_{rad(A)}(C))$

*(ii)* $N \leq C_{rad(A)}(C_T(N))$

*(iii) Die Teilfolgen* $(\mathfrak{T}_n(C))_{n \in 2\mathbb{N}}$ *und* $(\mathfrak{T}_n(C))_{n \in 2\mathbb{N}+1}$ *sind bzgl. Inklusion monoton steigend.*

(iv) *Die Teilfolgen* $(\mathfrak{J}_n(N))_{n\in 2\mathbb{N}}$ *und* $(\mathfrak{J}_n(N))_{n\in 2\mathbb{N}+1}$ *sind bzgl. Inklusion monoton steigend.*

(v) *Die Teilfolgen* $(\mathfrak{T}_n(C))_{n\in 2\mathbb{N}}$ *und* $(\mathfrak{T}_n(C))_{n\in 2\mathbb{N}+1}$ *sind nach endlich vielen Schritten konstant.*

(vi) *Die Teilfolgen* $(\mathfrak{J}_n(N))_{n\in 2\mathbb{N}}$ *und* $(\mathfrak{J}_n(N))_{n\in 2\mathbb{N}+1}$ *sind nach endlich vielen Schritten konstant.*

(vii) *Aus* $C \leq D$ *folgt* $C_{rad(A)}(D) \leq C_{rad(A)}(C)$.

(viii) *Aus* $N \leq M$ *folgt* $C_T(M) \leq C_T(N)$.

(ix) *Aus* $C \leq D$ *folgt* $\mathfrak{T}_n(C) \leq \mathfrak{T}_n(D)$ *für alle ungeraden* $n \in \mathbb{N}$ *und* $\mathfrak{T}_n(D) \leq \mathfrak{T}_n(C)$ *für alle geraden* $n \in \mathbb{N}$.

(x) *Aus* $N \leq M$ *folgt* $\mathfrak{J}_n(N) \leq \mathfrak{J}_n(M)$ *für alle ungeraden* $n \in \mathbb{N}$ *und* $\mathfrak{J}_n(M) \leq \mathfrak{J}_n(N)$ *für alle geraden* $n \in \mathbb{N}$.

(xi) *Sei* $A$ *zusätzlich auflösbar und* $\mid K \mid \geq 3$. *Ist* $C \oplus N$ *maximal Lie-nilpotent, so sind alle vier Teilfolgen* $(\mathfrak{T}_n(C))_{n\in 2\mathbb{N}}$, $(\mathfrak{T}_n(C))_{n\in 2\mathbb{N}+1}$ *sowie* $(\mathfrak{J}_n(I))_{n\in 2\mathbb{N}}$ *und* $(\mathfrak{J}_n(I))_{n\in 2\mathbb{N}+1}$ *schon ab dem ersten Schritt konstant.*

(xii) *Gilt für ein* $n \in \mathbb{N}$ *die Bedingung* $\mathfrak{T}_n(C) = \mathfrak{T}_{n+2}(C)$, *so sind die beiden Teilfolgen* $(\mathfrak{T}_n(C))_{n\in 2\mathbb{N}}$ *und* $(\mathfrak{T}_n(C))_{n\in 2\mathbb{N}+1}$ *ab diesem* $n$ *bzw.* $n+1$ *konstant.*

(xiii) *Gilt für ein* $n \in \mathbb{N}$ *die Bedingung* $\mathfrak{J}_n(N) = \mathfrak{J}_{n+2}(N)$, *so sind die beiden Teilfolgen* $(\mathfrak{J}_n(N))_{n\in 2\mathbb{N}}$ *und* $(\mathfrak{J}_n(N))_{n\in 2\mathbb{N}+1}$ *ab diesem* $n$ *bzw.* $n+1$ *konstant.*

**Beweis**. ad(i): Sei $c \in C$. Dann gilt $c \in T$. Wir müssen einsehen, dass $c$ mit allen Elementen aus $C_{rad(A)}(C)$ vertauscht. Dies gilt aber per Definition von $C_{rad(A)}(C)$.

ad(ii): Dies ist ein analoger Schluss wie in (i).

ad(iii)-(vi): Diese Aussagen folgen direkt aus (i) und (ii) mit Hilfe der endlichen Dimension.

ad(vii): Alle Elemente die $D$ zentralisieren müssen wegen $C \leq D$ auch $C$ zentralisieren.

ad(viii): Dies ist ein analoger Schluss wie in (vii).

ad(ix)+(x): Diese Aussagen folgen direkt aus (vii) und (viii).

ad(xi): Dies haben wir bereits in Lemma 9 gezeigt.

ad(xii)+(xiii): Das ist offenbar wahr.$\diamond$

Das nächste Lemma zeigt, dass die maximal Lie-nilpotenten Teilalgebren sich aus den beiden Grenzwerten der jeweiligen Teilfolgen der geraden bzw. ungeraden Zahlen additiv direkt zusammensetzen.

**Lemma 10** *Seien $K$ ein Körper mit mindestens drei Elementen, $A$ eine endlich-dimensionale assoziative auflösbare $K$-Algebra mit separabler Radikalfaktorstruktur, $T$ ein Radikalkomplement von $rad(A)$ in $A$, $C$ eine Teilalgebra von $T$ und $N$ eine Teilalgebra von $rad(A)$. Es gelten folgende Aussagen:*

*(i) Gilt $C = C_T(C_{rad(A)}(C))$, so ist $C \oplus C_{rad(A)}(C)$ eine maximal Lie-nilpotente Teilalgebra.*

*(ii) Gilt $N = C_{rad(A)}(C_T(N))$, so ist $C_T(N) \oplus N$ eine maximal nilpotente Lie-Teilalgebra.*

**Beweis**. ad(i): Offenbar ist $C \oplus C_{rad(A)}(C)$ eine assoziative Teilalgebra mit Radikal $C_{rad(A)}(C)$ und Radikalkomplement $C$. Da sich beide Teilalgebren zentralisieren, ist $C \oplus C_{rad(A)}(C)$ Lie-nilpotent. Sei nun $M$ eine maximal nilpotente Lie-Teilalgebra von $A^\circ$, die zudem $C \oplus C_{rad(A)}(C)$ enthält. Aus Satz 23 und Lemma 6 erhalten wir, dass $M$ eine assoziative Teilalgebra ist und ein zentrales Radikalkomplement $M_C$ enthält: $M_C$ ist die Menge der vollseparablen Elemente in $M$. Es gilt also $M = rad(M) \oplus M_C$ und $C \oplus C_{rad(A)}(C) \leq M$. Da $A$ auflösbar ist, gilt $C_{rad(A)}(C) \leq rad(M)$, und aus der Zentralität von $M_C$ in $M$ erhalten wir, dass $C \leq M_C$ gilt. Mit Lemma 9 erhalten wir $C_{rad(A)}(M_C) = rad(M)$ und $C_T(rad(M)) = M_C$. Nun gilt: $M_C = C_T(rad(M)) \leq C_T(C_{rad(A)}(C))$. Aus der Voraussetzung folgt nun $M_C \leq C$, woraus wir $M_C = C$ ableiten. Damit erhalten wir direkt $rad(M) = C_{rad(A)}(M_C) = C_{rad(A)}(C)$. Also haben wir (i) bewiesen.

ad(ii): Die Aussage (ii) leiten wir aus (i) ab. Wir betrachten $C_T(N)$. Es gilt $C_T(C_{rad(A)}(C_T(N))) = C_T(N)$ nach unserer Voraussetzung. Mit (i) erhalten wir, dass $C_T(N) \oplus C_{rad(A)}(C_T(N))$ maximal Lie-nilpotent ist. Der rechte Term der inneren direkten Summe ist nach Voraussetzung genau $N$.$\diamond$

Der folgende Satz zeigt, daß wir die maximal Lie-nilpotenten Teilalgebren mit Hilfe von Zentralisatoren kennzeichnen können. Wir wissen, dass maximal Lie-nilpotente Teilalgebren wieder assoziative Teilalgebren sind, die ein zentrales Radikalkomplement besitzen. Aus Lemma 10 und 9 erhalten wir:

**Satz 24** *Seien $K$ ein Körper mit mindestens drei Elementen, $A$ eine endlich-dimensionale assoziative unitäre auflösbare $K$-Algebra mit separabler Radikalfaktorstruktur, $M = rad(M) \oplus M_C$ eine Lie-nilpotente Teilalgebra mit zentralem Radikalkomplement $M_C$ und $T$ ein $M_C$ enthaltenes Radikalkomplement in $A$. Es sind äquivalent:*

*(i) $M$ ist maximal Lie-nilpotent.*

*(ii) Es gelten $rad(M) = C_{rad(A)}(M_C)$ und $M_C = C_T(rad(M))$.*

*Zusatz: Gilt (i) oder (ii), so sind insbesondere $C_T(C_{rad(A)}(M_C)) = M_C$ und $C_{rad(A)}(C_T(rad(M))) = rad(M)$ erfüllt.* $\diamond$

In den Übungsaufgaben geben wir ein Beispiel an, das zeigt, dass der Zusatz nicht zur maximalen Lie-Nilpotenz äquivalent ist. Es stellt sich die Frage, ob man in Abhängigkeit der Teilalgebren, aus denen die Doppel-Zentralisator-Folgen konstruiert werden, ermitteln kann, wann die Teilfolgen der geraden bzw. ungeraden Zahlen konstant werden. Dabei zeigt sich, dass dies eigentlich fast völlig unabhängig von ihnen ist und sehr schnell passiert: schon nach dem zweiten Schritt stagnieren die Folgen! Mit Lemma 10 können wir dann maximal Lie-nilpotente Teilalgebren konstruieren.

**Lemma 11** *Seien $K$ ein Körper, $A$ eine endlich-dimensionale assoziative $K$-Algebra mit separabler Radikalfaktorstruktur, $T$ ein Radikalkomplement von $rad(A)$ in $A$, $C$ eine Teilalgebra von $T$ und $N$ eine Teilalgebra von $rad(A)$. Dann gelten folgende Aussagen:*

*(i) $C_T(C_{rad(A)}(C_T(C_{rad(A)}(C)))) = C_T(C_{rad(A)}(C))$*

*(ii) $C_{rad(A)}(C_T(C_{rad(A)}(C_T(N)))) = C_{rad(A)}(C_T(N))$*

**Beweis**. ad(i): Nach Proposition 9 gilt

$$C_T(C_{rad(A)}(C_T(C_{rad(A)}(C)))) \geq C_T(C_{rad(A)}(C)).$$

Nach derselben Proposition gilt zudem

$$C_{rad(A)}(C_T(C_{rad(A)}(C))) \geq C_{rad(A)}(C).$$

Wendet man auf diesen Ausdruck auf beiden Seiten $C_T(\cdot)$ an, so erhalten wir die umgekehrte Inklusion

$$C_T(C_{rad(A)}(C_T(C_{rad(A)}(C)))) \leq C_T(C_{rad(A)}(C)).$$

ad(ii): Der Beweis ist analog zu führen und verbleibt den Leser als Übungsaufgabe. $\diamond$

Aus den Lemma 10 und 11 können wir wie folgt alle maximal Lie-nilpotenten Teilalgebren ermitteln, deren vollseparabler Anteil in einem fixierten Radikalkomplement liegt:

**Satz 25** *Seien $K$ ein Körper mit mindestens drei Elementen, $A$ eine endlich-dimensionale assoziative auflösbare $K$-Algebra mit separabler Radikalfaktorstruktur, $T$ ein Radikalkomplement von $rad(A)$ in $A$, $C$ eine Teilalgebra von $T$ und $N$ eine Teilalgebra von $rad(A)$. Es gelten folgende Aussagen:*

*(i)* $C_T(C_{rad(A)}(C)) \oplus C_{rad(A)}(C_T(C_{rad(A)}(C)))$ *ist maximal Lie-nilpotent.*

*(ii)* $C_{rad(A)}(C_T(N)) \oplus C_T(C_{rad(A)}(C_T(N)))$ *ist maximal Lie-nilpotent.*

*Alle maximal Lie-nilpotenten Teilalgebren, deren vollseparabler Anteil in $T$ liegt, entstehen auf diese Weise nach Lemma 9.*$\diamond$

Der Satz besagt, dass wir auf den unitalen Teilalgebrenverband eines Radikalkomplementes bzw. auf den des Radikals einmal das Doppel-Zentralisieren anwenden müssen, um anschliessend aus den so erhaltenen Teilalgebren mit Lemma 10 maximal nilpotente Teilalgebren konstruieren zu können. Alle – bei denen der vollseparable Anteil in dem vorgegebenen Radikalkomplement liegt – entstehen so, was die Aussage aus Lemma 9 ist. Dabei beachte man, dass man sich auf unitale Teilalgebren von $T$ einschränken kann: Ist nämlich $C$ eine nicht-unitale Teilalgebra von $T$, so gilt $C_T(C_{rad(A)}(C)) = C_T(C_{rad(A)}(C \oplus K \cdot 1_A))$, und dabei ist $C \oplus K \cdot 1_A$ eine unitale Teilalgebra.

Es gelten die folgenden Attraktor- bzw. Repeller-Eigenschaften (Anziehungs- und Abstossungseigenschaften) bzgl. der Doppel-Zentralisator-Bildung:

**Folgerung 5** *Seien $K$ ein Körper mit mindestens drei Elementen, $A$ eine endlich-dimensionale assoziative auflösbare $K$-Algebra mit separabler Radikalfaktorstruktur, $T$ ein Radikalkomplement von $rad(A)$ in $A$, $C, D$ Teilalgebren von $T$ und $N, M$ Teilalgebren von $rad(A)$. Es gelten folgende Aussagen:*

*(i)* *Ist* $C \leq D \leq C_T(C_{rad(A)}(C))$, *so gilt* $C_T(C_{rad(A)}(C)) = C_T(C_{rad(A)}(D))$.

*(ii)* *Ist* $N \leq M \leq C_{rad(A)}(C_T(N))$, *so gilt* $C_{rad(A)}(C_T(N)) = C_{rad(A)}(C_T(M))$.

*(iii)* *Ist* $C_T(C_{rad(A)}(C)) = C_T(C_{rad(A)}(D))$, *so folgt* $D \leq C_T(C_{rad(A)}(C))$.

*(iv)* *Ist* $C_{rad(A)}(C_T(N)) = C_{rad(A)}(C_T(M))$, *so folgt* $M \leq C_{rad(A)}(C_T(N))$.

*(v)* *Gilt* $C_T(C_{rad(A)}(C)) = C_T(C_{rad(A)}(D))$, *so ist die Identität* $\langle C \cup D \rangle_A \leq C_T(C_{rad(A)}(C))$ *erfüllt.*

*(vi)* *Gilt* $C_{rad(A)}(C_T(N)) = C_{rad(A)}(C_T(M))$, *so ist die identität* $\langle N \cup M \rangle_A \leq C_{rad(A)}(C_T(N))$ *erfüllt.*

*(vii)* *Ist* $C_T(C_{rad(A)}(C)) < D$, *so gilt* $C_T(C_{rad(A)}(C)) < C_T(C_{rad(A)}(D))$.

*(viii)* *Ist* $C_{rad(A)}(C_T(N)) < M$, *so gilt* $C_{rad(A)}(C_T(N)) < C_{rad(A)}(C_T(M))$.

*(ix) Ist $D$ keine Teilmenge von $C_T(C_{rad(A)}(C))$, so ist sie es auch nicht von $C_T(C_{rad(A)}(D))$.*

*(x) Ist $N$ keine Teilmenge von $C_{rad(A)}(C_T(N))$, so ist sie es auch nicht von $C_{rad(A)}(C_T(M))$.*

**Beweis**. ad(i): Wegen Proposition 9 gilt aus $C \leq D$ die Aussage

$$C_T(C_{rad(A)}(C)) \leq C_T(C_{rad(A)}(D)).$$

Analog folgt aus $D \leq C_T(C_{rad(A)}(C))$ nun

$$C_T(C_{rad(A)}(D)) \leq C_T(C_{rad(A)}(C_T(C_{rad(A)}(C)))).$$

Mit Lemma 11 folgt nun

$$C_T(C_{rad(A)}(C_T(C_{rad(A)}(C)))) = C_T(C_{rad(A)}(C)),$$

und die Aussage (i) ist bewiesen.

ad(ii): Diese Aussage wird analog zu (i) bewiesen und verbleibt als Übungsaufgabe.

ad(iii): Diese Aussage folgt direkt aus Proposition 9, nach der

$$D \leq C_T(C_{rad(A)}(D))$$

gilt.

ad(iv): Diese Aussage wird analog zu (iii) bewiesen und verbleibt als Übungsaufgabe.

ad(v): Da nach Proposition 9 sowohl $C$ als auch $D$ Teilalgebren von

$$C_T(C_{rad(A)}(C)) = C_T(C_{rad(A)}(D))$$

sind, folgt (v) hieraus.

ad(vi): Diese Aussage wird analog zu (v) bewiesen und verbleibt als Übungsaufgabe.

ad(vii): Diese Aussage folgt direkt aus Proposition 9, nach der

$$D \leq C_T(C_{rad(A)}(D))$$

gilt.

ad(viii): Diese Aussage wird analog zu (vii) bewiesen und verbleibt als Übungsaufgabe.

ad(ix): Diese Aussage folgt direkt aus Proposition 9, nach der

$$D \leq C_T(C_{rad(A)}(D))$$

gilt.

ad(x): Diese Aussage wird analog zu (ix) bewiesen und verbleibt als Übungsaufgabe.◇

**Bemerkung 5** Seien $K$ ein Körper mit mindestens drei Elementen, $A$ eine endlich-dimensionale assoziative auflösbare $K$-Algebra mit separabler Radikalfaktorstruktur, $T$ ein Radikalkomplement von $rad(A)$ in $A$, $C, D$ Teilalgebren von $T$ und $N, M$ Teilalgebren von $rad(A)$.
Die Folgerung 5 sowie das Lemma 11 erlauben es uns, Sequenzen von unterschiedlichen maximal Lie-nilpotenten Teilalgebren zu konstruieren. Dabei beschränken wir uns auf Sequenzen bzgl. des Radikalkomplementes $T$. In den Übungsaufgaben soll der Leser analoge Sequenzen auf Basis des Radikals konstruieren.
Nach Lemma 11 ist – beginnend mit $C$ – die Teilalgebra $C_T(C_{rad(A)}(C))$ geeignet, um eine maximal Lie-nilpotente Teilalgebra zu konstruieren:

$$C_{rad(A)}(C_T(C_{rad(A)}(C))) \oplus C_T(C_{rad(A)}(C)).$$

Wir konstruieren Sequenzen von Teilalgebren $(C_n)_{n\in\mathbb{N}}$, für die

$$C_T(C_{rad(A)}(C_n)) = C_n$$

gilt, und daher sind

$$C_n \oplus C_{rad(A)}(C_T(C_n))$$

maximal Lie-nilpotente Teilalgebren für alle $n \in \mathbb{N}$.

**Sequenz 1:**

Wir starten mit $C \leq Z(A) \cap T$. Dann ist $C_{rad(A)}(C) = rad(A)$, und damit erhalten wir $C_1 := C_T(C_{rad(A)}(C)) = C_T(rad(A)) = Z(A) \cap T$, da $A$ auflösbar ist (also $T$ kommutativ ist) und $T$ ein Radikalkomplement ist. Die dazu gehörige maximal Lie-nilpotente Teilalgebra ist gerade das Nilradikal (siehe Satz 20). Man wähle nun $D_1$ minimal oberhalb von $Z(A) \cap T$ und bilde $C_2 := C_T(C_{rad(A)}(D_1))$. Dann ist $C_2$ echt oberhalb von $C_1$ (siehe Folgerung 5), und mit $C_2$ können wir eine neue maximal Lie-nilpotente Teilalgebra. Man wähle nun $D_2$ minimal oberhalb von $C_2$ (falls dies möglich ist) und fahre analog fort. Da wir stets in der Dimension steigen, erreichen wir so das Radikalkomplement $T$. Mit diesem erzeugen wir schliesslich eine Cartan-Teilalgebra nach Satz 14.

**Sequenz 2:**

Wir beginnen jetzt bei dem Radikalkomplement $C_1 := T$. Dieses erzeugt wie erwähnt eine Cartan-Teilalgebra. Dann gibt es eine minimale Teilalgebra $M_1$ von $T$, so dass $C_T(C_{rad(A)}(M_1)) = T$ gilt. Wir wählen nun $D_1$ maximal unterhalb von $M_1$, so dass $C_2 := C_T(C_{rad(A)}(D_1))$ nicht mit $T$ übereinstimmt. Dieses Verfahren wiederholen wir mit $C_2$ an Stelle von $T$. Auf diese Weise werden die Teilalgebren $C_n$ immer echt kleiner, so dass wir zwangsläufig irgendwann nach endlich vielen Schritten in $Z(A) \cap T$ landen. Hier stagniert das Verfahren und erzeugt das Nilradikal.

**Sequenz 3:**

Dies ist eine Mischform aus den Verfahren von Sequenz 1 und 2. Hierzu wählen wir eine beliebige Teilalgebra $C$, so dass diese weder eine Cartan-Teilalgebra noch das Nilradikal erzeugt (wenn es so eine gibt). Von $C$ ausgehend können wir einerseits eine Sequenz nach oben analog zu Sequenz 1 bilden. Der Prozess endet dann bei einer Cartan-Teilalgebra. Andererseits können wir das Verfahren in Sequenz 2 nutzen, um uns nach unten fortzupflanzen und beim Nilradikal zu stagnieren.

Diese Konstruktionen zeigen, daß sich die Cartan-Teilalgebren und das Nilradikal unter den maximal Lie-nilpotenten Teilalgebren als extrem erweisen. Für das Nilradikal muss der Anteil in $T$ extrem klein, für die Cartan-Teilalgebra extrem gross sein. Da der Leser die analogen Sequenzen für das Radikal durchführen soll, so erkennt er, dass in diesem Fall der nilpotente Anteil für das Nilradikal extrem gross und für die Cartan-Teilalgebren extrem klein ist. Dies zeigt auch die nächste Kennzeichnung des Nilradikals und der Cartan-Teilalgebren.$\diamond$

**Folgerung 6** *Seien $K$ ein Körper mit mindestens drei Elementen, $A$ eine endlich-dimensionale assoziative auflösbare unitäre $K$-Algebra mit separabler Radikalfaktorstruktur, $T$ ein Radikalkomplement von $rad(A)$ in $A$, $C$ eine Teilalgebra von $T$ und $N$ eine Teilalgebra von $rad(A)$. Es gelten folgende Aussagen:*

*(i) Genau dann gilt $C_T(C_{rad(A)}(C) = Z(A) \cap T$, wenn $C$ eine Teilalgebra von $Z(A) \cap T$ ist.*
*Genau diese Teilalgebren erzeugen wie in Satz 25 beschrieben das Nilradikal.*
*(Attraktor oder auch Einzugsgebiet des Nilradikals in $T$)*

*(ii) Genau dann gilt $C_{rad(A)}(C_T(N)) = C_{rad(A)}(T)$ wenn $N$ eine Teilalgebra von $C_{rad(A)}(T)$ gilt.*
*Genau diese Teilalgebren erzeugen wie in Satz 25 beschrieben eine Cartan-Teilalgebra.*
*(Attraktor oder auch Einzugsgebiet der Cartan-Teilalgebra in $rad(A)$)*

*(iii)* *Genau dann gilt* $C_{rad(A)}(C_T(N)) = rad(A)$, *wenn* $C_T(N)$ *zentral in* $A$ *ist. Genau diese Teilalgebren erzeugen wie in Satz 25 beschrieben das Nilradikal.*
*(Attraktor oder auch Einzugsgebietdes Nilradikals in* $rad(A)$*)*

*(iv)* *Genau dann gilt* $C_T(C_{rad(A)}(C) = T$, *wenn* $C_{rad(A)}(C) = C_{rad(A)}(T)$ *gilt. Genau diese Teilalgebren erzeugen wie in Satz 25 beschrieben eine Cartan-Teilalgebra.*
*(Attraktor oder auch Einzugsgebiet der Cartan-Teilalgebra in* $T$*).*

**Beweis**. ad(i): Sei $C$ zentral in $A$. Dann gilt $C_{rad(A)}(C) = rad(A)$, und daraus erhalten wir $C_T(C_{rad(A)}(C)) = C_T(rad(A)) = Z(A) \cap T$, da $T$ ein kommutatives Radikalkomplement ist. Sei nun umgekehrt $C_T(C_{rad(A)}(C)) = Z(A) \cap T$. In der linksseitigen Menge ist $C$ enthalten, und wir haben (i) bewiesen (siehe Satz 20 für den Zusatz).

ad(ii): Nach Satz 14 ist $T \oplus C_{rad(A)}(T)$ eine Cartan-Teilalgebra von $A^\circ$. Insbesondere ist diese Teilalgebra maximal Lie-nilpotent. Nach Lemma 9 ist daher $C_{rad(A)}(T) = C_{rad(A)}(C_T(C_{rad(A)}(T)))$. Mit Folgerung 5 folgt nun, dass für jede Teilalgebra $N$ von $C_{rad(A)}(T)$ die gewünschte Eigenschaft erfüllt ist. Ist diese für eine Teilalgebra $N$ erfüllt, so gilt also $C_{rad(A)}(C_T(N)) = C_{rad(A)}(T)$. In dieser Teilalgebra ist $N$ enthalten, und wir erhalten $C_T(N) \geq C_T(C_{rad(A)}(T)) = T$. Dies zeigt $C_T(N) = T$. Also gilt auch $C_{rad(A)}(C_T(N)) = C_{rad(A)}(T)$. In der linksseitigen Teilalgebra ist $N$ enthalten. Der Zusatz folgt auch aus Satz 14.

ad(iii): Es gilt $C_{rad(A)}(C_T(N)) = rad(A)$ genau dann, wenn $rad(A) \circ C_T(N) = 0$ gilt. Dies ist äquivalent dazu, dass für alle $t \in T$ aus $t \circ N = 0$ schon $t \circ rad(A) = 0$ gilt. Dies bedeutet aber schon $C_T(N) = C_T(rad(A))$ (die eine Inklusion gilt immer). Letzterer Zentralisator ist wegen $A = rad(A) \oplus T$ und der Kommutativität von $T$ genau $Z(A) \cap T$. Das diese Teilalgebren dann das Nilradikal bestimmen, folgt mit Satz 25 aus Satz 20.

ad(iv): Diese Aussage wird analog zu (iii) bewiesen und verbleibt als Übungsaufgabe. Hierbei ist dann Satz 14 zu benutzen.$\diamond$

Inwiefern die Ergebnisse von einem speziellen Radikalkomplement unabhängig sind, zeigt das nächste Resultat:

**Proposition 10** *Seien* $K$ *ein Körper mit mindestens drei Elementen,* $A$ *eine endlich-dimensionale assoziative auflösbare* $K$*-Algebra mit separabler Radikalfaktorstruktur,* $T, \hat{T}$ *Radikalkomplemente von* $rad(A)$ *in* $A$ *und* $\hat{C}$ *eine Teilalgebra von* $T$*. Ist* $\hat{M}$ *eine maximal Lie-nilpotente Teilalgebra von* $A^\circ$*, so dass* $\hat{C}$ *ein in* $\hat{T}$ *enthaltenes Radikalkomplement von* $rad(M)$ *in* $M$ *ist, so gibt es ein* $r \in rad(A)$ *mit* $\hat{M}^{1+r} = rad(M)^{1+r} \oplus \hat{C}^{1+r}$ *und* $\hat{C}^{1+r} \subseteq C$*.*

*Durch ein Wechsel des Radikalkomplements entstehen also nur isomorphe Kopien von maximal Lie-nilpotenten Teilalgebren.*

**Beweis**. Das ist eine leichte Anwendung der Konjugiertheitsaussage des Satzes von Wedderburn-Malcev.◇

Zum Abschluss dieses Abschnittes leiten wir eine Abschätzung für die Nilpotenzklasse maximal Lie-nilpotenter Teilalgebren her, und auch hier zeigt sich die Extremalität der Cartan-Teilalgebren und die des Nilradikals:

**Korollar 3** *Seien $K$ ein Körper mit mindestens drei Elementen, $A$ eine endlich-dimensionale assoziative auflösbare $K$-Algebra mit separabler Radikalfaktorstruktur, $T$ ein Radikalkomplement von $rad(A)$ in $A$ und $M$ eine maximale Lie-nilpotente Teilalgebra von $A^\circ$. Dann gelten folgende Aussagen:*

*(i) Die aufsteigende Lie-Zentralreihe von $M$ ist $Z_n(M^\circ) = Z_n(rad(M)^\circ) \oplus VSEP(M)$ für alle $n \in \mathbb{N}$. Insbesondere gilt $cl(M^\circ) = cl(rad(M)^\circ) \leq cl(rad(M))$.*

*(ii) $1 \leq cl(C_A(T)^\circ) \leq cl(M^\circ) \leq cl(nil(A^\circ)) = cl(rad(A)^\circ) \leq cl(rad(A))$.*

**Beweis**. ad(i): Nach Satz 24 ist $VSEP(M)$ zentral in $M$, und es ist $M = rad(M) \oplus VSEP(M)$. Daraus folgt nun leicht die Aussage über die Zentralreihe in (i). Aus dieser folgt dann der Zusatz, wenn man bedenkt, dass die assoziative Nilpotenzklasse stets nicht kleiner als die Lie-Nilpotenzklasse ist.

ad(ii): Wie in (i) ist $M = rad(M) \oplus VSEP(M)$. Der vollseparable Anteil von $M$ liegt nach den Sätzen 14 und 20 stets zwischen dem des Nilradikals und der Cartan-Teilalgebra $C_A(T)$. Entsprechendes gilt dann nach Proposition 9 auch für den nilpotenten Anteil $rad(M)$. Insofern ist die Nilpotenzklasse abschätzbar wie angegeben.◇

Wir haben nun diverse Beschreibungen und Beziehungen bei maximal Lie-nilpotenten Algebren hergeleitet. Der nächste Abschnitt dient dazu, die Anzahl dieser speziellen unitalen Teilalgebren sowie die ihrer Isomorphietypen abzuschätzen. Wir werden sehen, dass endlich-dimensionale separable kommutative Algebren – also in unserem Kontext die Radikalkomplemente – zu den sogenannten futilen Algebren gehören. Im nächsten Abschnitt stellen wir zu dieser Algebrenklasse einige Erkenntnisse zusammentragen.

## Mehrfache - Zentralisatoren

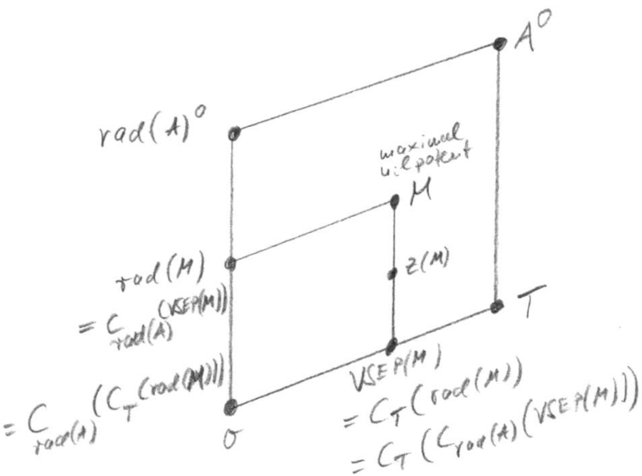


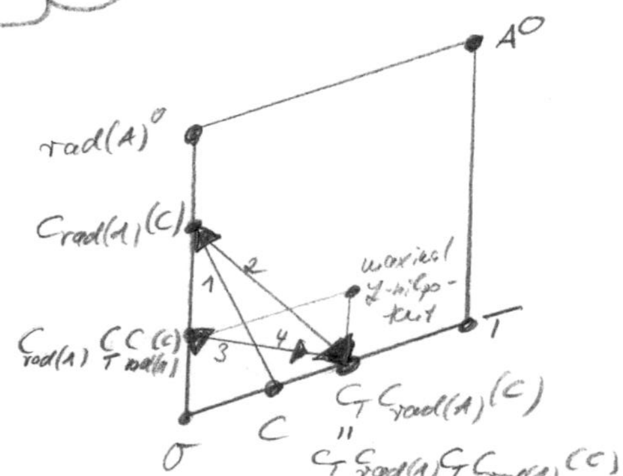


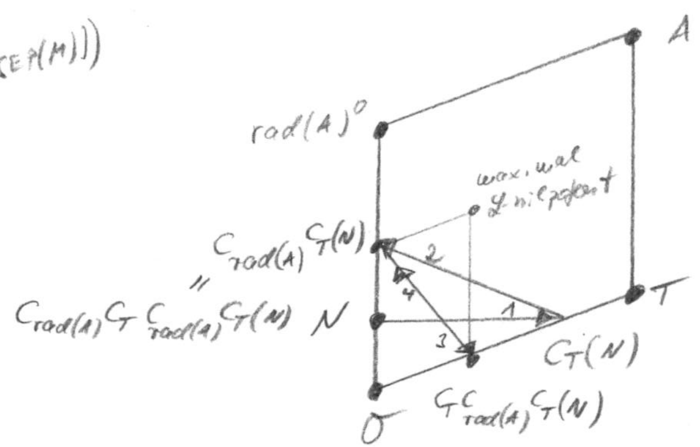

# Attraktor & Repeller

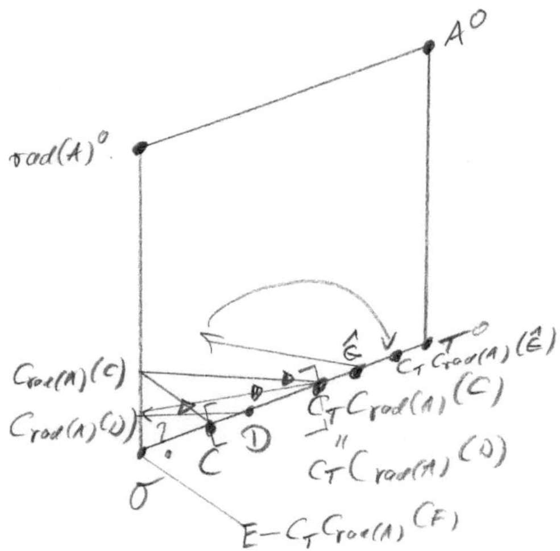

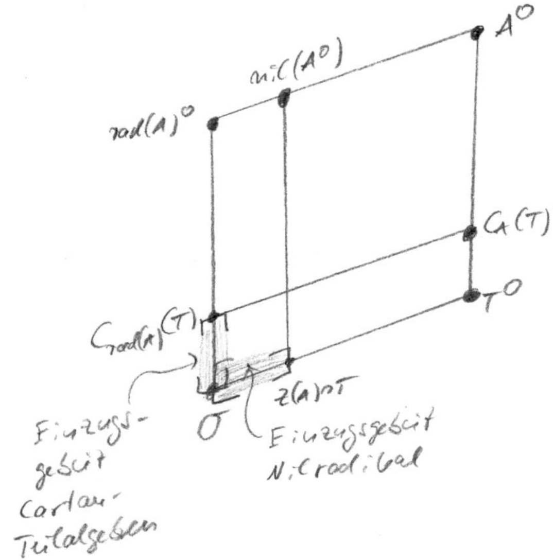

## 6.3 Futile Algebren

**Definition 2** Wir nennen eine $K$-Algebra futil, wenn sie nur endlich viele $K$-Teilalgebren besitzt.$\diamond$[1]

**Bemerkung 6** Futile Algebren tauchen in der Galois-Theorie auf, und zwar im Kontext des Satzes vom primitiven Element. Der Satz vom primitiven Element ist ein mathematischer Satz aus der Algebra, der hinreichende Bedingungen dafür angibt, dass eine Körpererweiterung eine einfache Körpererweiterung ist. Ist $(K;L)$ eine Körpererweiterung, dann wird sie einfach genannt, wenn sie durch Adjunktion eines einzelnen Elements erzeugt werden kann. Ein solches, im Allgemeinen nicht eindeutig bestimmtes Element, wird primitives Element genannt. Der Satz vom primitiven Element wurde von Evariste Galois vollständig bewiesen und findet sich in einer Publikation von Niels Abel aus dem Jahre 1829.

Es gibt zwei Sätze, die als Satz vom primitiven Element bezeichnet werden, wobei der zweite Satz eine Folgerung aus dem ersten ist:
Eine Körpererweiterung $(K;L)$ ist einfach, wenn $L$ von der Form $L = K(a, c_1, \cdots, c_n)$ ist, mit einem über $K$ algebraischen Element $a$ und über $K$ separablen Elementen $c_1, \cdots, c_n$.
Insbesondere ist jede endlich-dimensional und separable Körpererweiterung einfach.

Innerhalb der Galois-Theorie sind somit auch galoische Körpererweiterung einfach, und jeder Automorphismus der Galois-Gruppe ist damit eindeutig auf einem primitiven Element erkennbar (siehe auch [71]).

Man kann einsehen – was der Leser im Rahmen der Übungsaufgaben zu diesem Kapitel durchführen möge – dass eine endlich-dimensionale Körpererweiterung genau dann einfach ist, wenn es nur endlich-viele Zwischenkörper gibt. In diesem Kontext kann man sich auch überlegen, dass die von Null verschiedenen Teilalgebren genau die Zwischenkörper sind (siehe z.B. [75]).

Insofern gilt in unserem Kontext nun, dass derartige Körpererweiterung futile $K$-Algebren sind.$\diamond$

Hisao Tominaga charakterisiert futile assoziative Algebren über Körpern in [62] wie folgt und erweitert damit die in Bemerkung 6 angesprochene Futilität:

**Satz 26** *(Tominaga) Sei eine assoziative $K$-Algebra über einem Körper $K$. Folgende Aussagen sind äquivalent:*

[1] Die Bezeichnung futil hat der Autor aus der entsprechenden englischen Bezeichnung futile übernommen. Statt futil könnte man auch von einer endlich strukturierten Algebra reden (bzgl. Teilalgebren).

*(i) A ist futil.*

*(ii) A enthält nur endlich viele kommutative Teilalgebren.*

*(iii) A ist endlich, oder es gilt: A ist endlich-dimensional und jede Teilalgebra ist erzeugt von genau einem Element.*◇

Michiel Kosters führt die Untersuchungen zur Futilität in [36] weiter fort. Wir wollen einsehen, dass kommutative separable Algebren zu den futilen Algebren gehören und die Anzahl der Teilalgebren abschätzen. Mit Hilfe der Bemerkung 6 haben wir eingesehen, dass eine separable Körpererweiterung futil ist. Separable kommutative endlich-dimensionale assoziative Algebren sind direkte Produkte separabler Körpererweiterung. Eine naheliegende Idee ist es also, direkte Produkte futiler Algebren auf Futilität zu untersuchen. Mit Hilfe des folgenden Lemmas – das die Algebrenversion des Lemmas von Jean-Baptiste Goursat[2]der Gruppentheorie ist – kann man dies theoretisch auch durchführen. Michiel Kosters hat es auch in [36] für seine Untersuchungen benutzt. Es klärt, wie die Teilalgebren von direkten Produkten beschrieben werden können. Der Beweis ist analog zu dem in der Gruppentheorie und wird dem Leser als Übungsaufgabe überlassen.

**Lemma 12** *(Goursat) Seien $A, B$ assoziative $K$-Algebren. Dann gibt es zwischen den Fünftupeln $(C, D, I, J, \varphi)$, wobei $C$ eine $K$-Teilalgebra von $A$, $D$ eine $K$-Teilalgebra von $B$, $I$ ein Ideal von $C$, $J$ ein Ideal von $D$ und $\varphi$ ein $K$-Algebrenisomorphismus zwischen $C/I$ und $D/J$ sind, sowie den $K$-Teilalgebren von $A \times B$ die folgende Bijektion:*

$$(C, D, I, J, \varphi) \mapsto \{(a; b) \mid (a; b) \in C \times D, \varphi(a + I) = b + J\}.\diamond$$

Für unsere Abschätzung der Anzahl der Teilalgebren gehen wir aber einen anderen Weg. Wir untersuchen zunächst die Algebren $K^n$ für beliebiges

[2]Édouard Jean-Baptiste Goursat (geboren 21. Mai 1858 in Lanzac, Département Lot, Frankreich; gestorben 25. November 1936 in Paris, Frankreich) war ein französischer Mathematiker, der als Verfasser eines klassischen Analysis-Lehrbuchs bekannt ist. Goursat besuchte das Collège de Brive-la-Gaillarde und begann 1876 ein Studium an der École normale supérieure (ENS). Dort wurde er insbesondere von Charles Hermite und Jean Darboux beeinflusst und lernte Charles Émile Picard kennen, der mit ihm studierte und mit dem er ein Leben lang befreundet blieb. Picard überredete ihn auch später, eine Hochschulkarriere zu beginnen. Im Jahr 1879 begann er eine Lehrtätigkeit an der Universität Paris und erhielt 1881 den Doktorgrad für seine Arbeit 'Sur l'équation différentialle linéaire qui admet pour intégrale la série hypergéometrique'. Danach lehrte Goursat bis 1885 in Toulouse und ging dann zu seiner ursprünglichen Universität zurück, der ENS. Seit der Zeit in Toulouse produzierte er zahlreiche Veröffentlichungen zu verschiedenen Gebieten der Analysis. Aus der Vorlesungstätigkeit an der ENS entstand sein berühmter Cours 'd´analyse mathématique', der 1902 bis 1913 in drei Bänden erschien und für den er vor allem bekannt ist. 1919 wurde Goursat in die Académie des sciences aufgenommen, nachdem er bereits 1918 zum auswärtigen Mitglied der Accademia Nazionale dei Lincei in Rom gewählt worden war. Nach ihm wurde das Lemma von Goursat benannt. 1895 war er Präsident der Société Mathématique de France.

$n \in \mathbb{N}$ und Körper $K$ und übertragen anschliessend die Ergebnisse auf kommutative separable Algebren.

Wir beginnen zunächst mit Untersuchungen zu unitalen und nicht-unitalen Teilalgebren. Ist die Algebra nicht-unitär, so gibt es auch keine unitalen Teilalgebren. Im anderen Fall zerfallen die Teilalgebren in zwei Gruppen, nämlich die unitalen (die das Einselement der Ausgangsalgebra besitzen) sowie die nicht-unitalen. Zu den letzteren gehören zum Beispiel die Ideale der Algebra.

**Lemma 13** *Seien $A$ eine assoziative $K$-Algebra und $(K;A)$ die Adjunktion einer Eins zu $A$. Dann ist die Abbildung $T \mapsto (K;T)$ eine Bijektion zwischen den Teilalgebren von $A$ und den unitalen Teilalgebren von $(K;A)$.*

**Beweis**. Für alle nichtleeren Mengen $C, D, E, F$ gilt $C \times D = E \times F$ genau dann, wenn $C = E$ und $D = F$ gelten. Damit folgt, dass die Abbildung injektiv ist. Sei $C$ eine unitale Teilalgebra von $(K;A)$. Dann gilt $(K;0) \subseteq C$, da $(1,0)$ das Einselement ist. Wir definieren $T := \{a \mid a \in A, \exists k_a \in K : (k_a;a) \in C\}$. Wir zeigen, dass $T$ eine Teilalgebra von $A$ ist und $(K;T) = C$ gilt. Seien also $l \in K$ und $a, b \in T$. Dann gibt es $k_a, k_b \in K$ mit $(k_a;a), (k_b, b) \in C$. Es gilt $k(k_a, a) = (kk_a, ka) \in C$, also erhalten wir $ka \in T$. Weiterhin gilt $(k_a, a) + (k_b, b) = (k_a + k_b; a + b) \in C$, also gilt auch $a+b \in T$. Es ist $(k_a, a)(k_b, b) = (k_a k_b; k_a b + k_b a + ab) \in C$. Wegen $(1,0) \in C$ gilt auch $(k_a, 0) \in C$, und somit gilt $(0, a) \in C$. Daraus folgt $(0, k_b a) \in C$. Analog erhalten wir $(0, k_a b) \in C$. Als Differenz erhalten wir $(k_a k_b, ab) \in C$, woraus wir $ab \in T$ ableiten. Somit ist $T$ eine Teilalgebra von $A$, für die offenbar $C \subseteq (K, T)$ gilt. Ist $(k, t) \in (K, T)$, so gibt es ein $k_t \in K$ mit $(k_t, t) \in C$. Es ist $(k, t) = (k_t, t) - (k_t, 0) + (k, 0) \in C$, da $C$ unital ist.$\diamond$

**Folgerung 7** *Seien $K$ ein Körper und $A$ eine endlich-dimensionale assoziative halbeinfache $K$-Algebra. Dann besitzt $A$ genau so viele Teilalgebren wie $A \times K$ unitale Teilalgebren besitzt. Insbesondere besitzt $K^n$ genauso viele Teilalgebren wie $K^{n+1}$ unitale Teilalgebren besitzt.*

**Beweis**. Nach [67] ist in diesem Fall die Adjunktion einer Eins zu $A \times K$ isomorph. Die Behauptung folgt nun aus Lemma 13.$\diamond$

Wir werden sehen, dass die Anzahl der (unitalen) Teilalgebren von $K^n$ mit den Bell-Zahlen in Verbindung steht. Die $n$-te Bellzahl $B(n)$ ist definiert als die Anzahl der ungeordneten Mengenpartion einer $n$-elementigen Menge. Weitere Informationen zu den Bell-Zahlen entnehme der Leser z.B aus [76] oder aus den Seiten 84 und 85 in [51]. Die Bellzahlen tauchten bereits direkt vor Satz 7 in Bezug auf die Solomon-Tits-Algebra auf, nämlich als Dimension ihrer Radikalfaktorstruktur, und sie erhalten nun eine weitere algebraische Bedeutung. Bekanntlich ist die Anzahl der ungeordneten Mengenpartionen einer $n$-elementigen Menge genau die der Äquivalenzrelationen auf derselben Menge. Für die Bell-Zahlen gilt nach Übungsaufgabe 8 auf Seite 84 in [51] die folgende Einsicht, die wir jetzt (mit einer anderen Schlussweise) beweisen. Dafür benötigen wir noch die folgende Abkürzung: Sind $a_1, \cdots, a_n$ Algebrenelemente und $T$ eine Teilmenge von $\underline{n}$, so sei $a_T := \sum_{t \in T} a_t$.

**Lemma 14** *Seien $K$ ein Körper und $n \in \mathbb{N}$. Dann besitzt $K^n$ genau $B(n)$ unitale Teilalgebren.*

*Genauer gilt: Sind $e_1, \cdots, e_n$ die paarweisen orthogonalen primitiven Idempotenten von $K^n$, also $e_i$ das $n$-Tupel, das genau in der $i$-ten Komponente den Eintrag 1 und in allen anderen Komponenten den Eintrag 0 hat, so ist die Abbildung*

$$\mathcal{P} \mapsto \langle e_T \mid T \in \mathcal{P} \rangle_K$$

*eine Bijektion von den Partitionen von $\underline{n}$ auf die unitalen Teilalgebren von $K^n$.*

**Beweis**. Offenbar gilt für zwei Teilmenge $T, S$ von $\underline{n}$ die Bedingung $e_T = e_S$ genau dann, wenn $T = S$ gilt. Sei nun $\mathcal{P}$ eine Partition von $\underline{n}$. Wir definieren eine Teilalgebra $B_{\mathcal{P}} := \langle e_T \mid T \in \mathcal{P} \rangle_K$. Da $\mathcal{P}$ eine Partition von $\underline{n}$ ist, sind die $e_T, T \in \mathcal{P}$ genau die paarweise orthogonalen primitiven Idempotenten von $B_{\mathcal{P}}$, deren Summe das Einselement in $K^n$ ergibt. Insbesondere ist $B_{\mathcal{P}}$ eine unitale Teilalgebra von $K^n$. Ist $\mathcal{Q}$ eine andere Partition von $\underline{n}$, und gilt $B_{\mathcal{P}} = B_{\mathcal{Q}}$, so erhalten wir aus der Eindeutigkeit der Idempotenten, dass die Mengen $e_T, T \in \mathcal{P}$ und $e_T, T \in \mathcal{Q}$ übereinstimmen. Das heisst aber schon, dass die Partitionen identisch sind. Somit ist die Abbildung $\mathcal{P} \mapsto B_{\mathcal{P}}$ injektiv, und wir zeigen, dass sie auch surjektiv ist. Sei dazu $B$ eine unitale Teilalgebra von $K^n$. Dann ist nach [67] diese Teilalgebra zu $K^{dim_K(B)}$ isomorph. Somit besitzt $B$ eine Basis aus orthogonalen Idempotenten $f_1, \cdots, f_{dim_K(B)}$ von $K^n$. Zu jedem dieser Idempotenten $f_j$ gibt es eine Teilmenge $S_j$ von $\underline{n}$ mit $f_j = e_{S_j}$, denn jedes Idempotent von $K^n$ ist Summe einiger der Idempotente $e_1, \cdots, e_n$. Da die Idempotenten $f_j$ orthogonal sind, sind die Mengen $S_j$ disjunkt. Ihre Vereinigung muss ganz $\underline{n}$ sein, denn ihre Summe ist das Einselement von $K^n$, da $B$ unital ist. Somit ist die Menge der $S_j$ die gesuchte Partition deren Bild genau $B$ ist.$\diamond$

Wir untersuchen in einem weiteren Lemma die Anzahl der Ideale von $K^n$ in einem allgemeineren Rahmen.

**Lemma 15** *Seien $K$ ein Körper, $A$ eine endlich-dimensionale assoziative halbeinfache $K$-Algebra und $A = \bigoplus_{i=1}^{n} J_i$ eine direkte Zerlegung in die minimalen Ideale von $A$. Dann gelten:*

*(i) A besitzt genau $2^n$ Ideale.*

*(ii) A besitzt mindestens $2^n$ Idempotente.*

*(iii) A besitzt genau dann $2^n$ Idempotente, wenn A reduziert ist.*

*Insbesondere besitzt $K^n$ genau $2^n$ Ideale und Idempotente.*

**Beweis**. ad(i): Nach [38] ist jedes Ideal Summe einige der minimalen Ideale. Jede Summe von verschiedenen minimalen Idealen ergibt ein verschiedenes Ideal von $A$. Damit ist die Anzahl der Ideale gleichmächtig zur Potenzmenge von $\underline{n}$, und wir haben (i) beweisen.

ad(ii)+(iii): Jedes der minimalen Ideale $J_i$ besitzt die Idempotente 0 und $1_{J_i}$. Mit diesen können wir durch Summenbildung $2^n$ verschiedene Idempotente bilden. Ist nun jedes $J_i$ ein Schiefkörper, so gibt es in jedem $J_i$ nur diese beiden Idempotente. Jedes Idempotent von $A$ ist Summe von Idempotenten der $J_i$. Ist mindestens ein $J_i$ kein Schiefkörper, also voller Matrixring eines Schiefkörpers, so gibt es mehr als zwei Idempotente (z.B. die Matrix, die in der ersten Spalte nur Einträge gleich Eins und sonst nur aus Nullen besteht). Daraus folgen (ii) und (iii).$\diamond$

Zusammengefasst ergibt sich über die Anzahl der Teilstrukturen von $K^n$ aus Folgerung 7, Lemma 14 und Lemma 15 nun folgender Satz:

**Satz 27** *Seien K ein Körper und $n \in \mathbb{N}$. Dann gelten folgende Aussagen:*

*(i) $K^n$ ist futil*

*(ii) $K^n$ besitzt genau $B(n+1)$ Teilalgebren.*

*(iii) $K^n$ besitzt genau $B(n)$ unitale Teilalgebren.*

*(iv) $K^n$ besitzt genau $2^n$ Ideale und $2^n$ Idempotente.*

*(v) $K^n$ besitzt genau $B(n+1) - B(n)$ nicht-unitale Teilalgebren.*

*(vi) $B(n+1) \geq B(n) + 2^n - 1$*$\diamond$

Wir benötigen noch folgende Einsicht über separable Algebren, deren Beweis der Leser z.B. in [45] nachlesen kann:

**Proposition 11** *Seien K ein Körper und A eine endlich-dimensionale assoziative separable K-Algebra. Dann ist für jeden Erweiterungskörper L von K die L-Algebra $A \otimes L$ halbeinfach.*
*Insbesondere besitzt A einen Zerfällungskörper, d.h. es gibt einen Erweiterungskörper L von K, so dass $A \otimes L$ zu einem direkten Produkt von vollen Matrixalgebren über L isomorph ist.*
*Ist A zusätzlich kommutativ, so gibt es einen Erweiterungskörper L von K, so dass die L-Algebra $A \otimes L$ zu $L^{dim_K(A)}$ isomorph ist.*$\diamond$

Als Korollar erhalten wir nun für kommutative separable Algebren (vgl. auch [51], Seite 90ff.):

**Korollar 4** *Seien $K$ ein Körper, $L_1, \cdots, L_n$ separable Körpererweiterungen von $K$ und $A := \bigoplus_{i=1}^{n} L_i$. Dann ist $A$ futil, und es gibt höchstens $B(dim_K(A))$ unitale Teilalgebren in $A$.*

**Beweis**. Wir wenden die Proposition 11 und den Satz 27 an. Sei $L$ ein Zerfällungskörper von $A$. Dann ist die $L$-Algebra $A \otimes L$ zu $L^{dim_K(A)}$ isomorph. Die Abbildung $T \mapsto T \otimes L$ ist eine injektive Abbildung von der Menge der unitalen Teilalgebren von $A$ in die von $A \otimes L$ hinein, denn es gilt $(T \otimes L) \cap (A \otimes 1) = T \otimes 1$. Des Weiteren ist $T \otimes 1 = S \otimes 1$ genau dann erfüllt, wenn $T = S$ für Teilalgebren $T, S$ von $A$ gilt. Daraus folgt dann die Behauptung.$\diamond$

# Futile Algebren

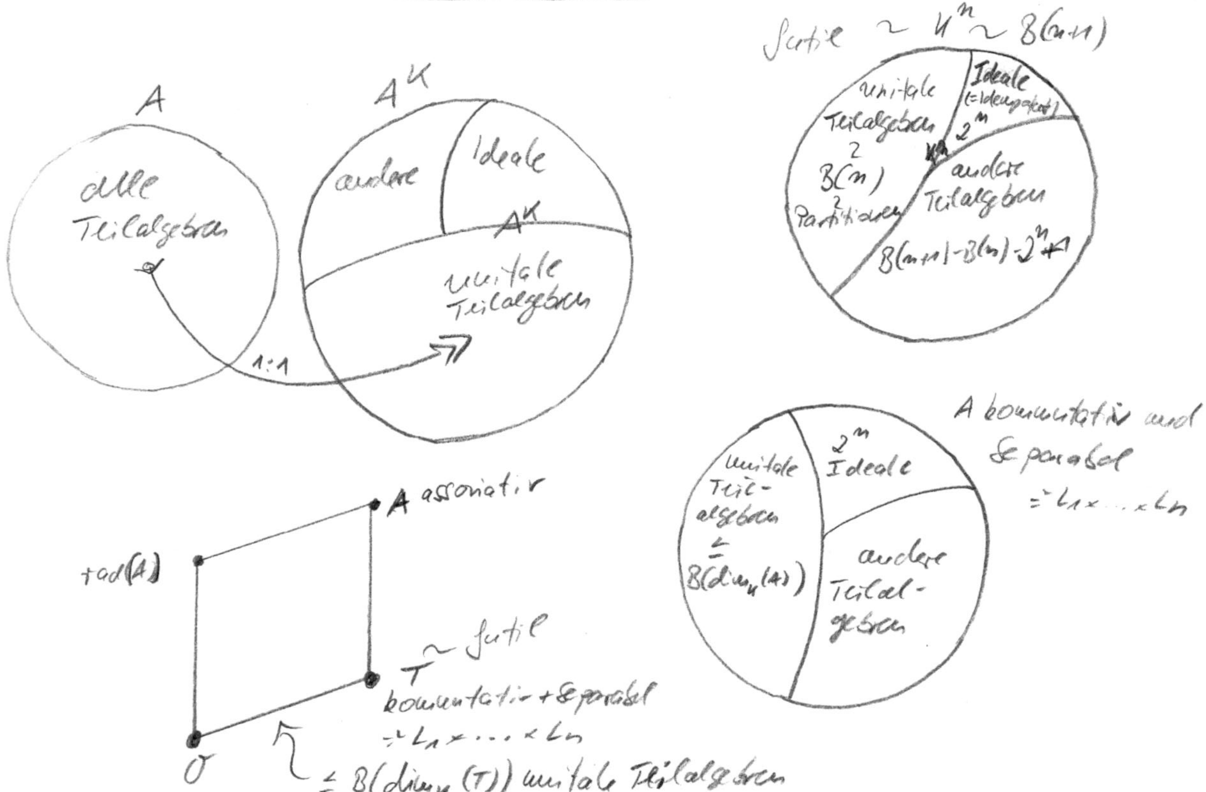

## 6.4 Endlichkeit der Isomorphietypen

Wir wollen in diesem Abschnitt einsehen, dass es nur endlich viele Isomorphietypen maximal Lie-nilpotenter Teilalgebren gibt. Dabei nutzen wir die Ergebnisse der vorherigen Abschnitt über futile Algebren sowie die Beschreibungen und Kennzeichnungen maximal Lie-nilpotenter Teilalgebren aus dem gleichnamigen Abschnitt. In den Sätzen 20 und 14 haben wir gesehen, dass es genau ein Nilradikal gibt und dass alle Cartan-Teilalgebren konjugiert sind. Zu den beiden Extrem-Fällen gibt es also nur eine einzige Isomorphie-Klasse. Wir wollen jetzt einsehen, dass es insgesamt nur endliche viele Isomorphie-Klassen aller maximal Lie-nilpotenten Teilalgebren gibt.

**Satz 28** *Seien $K$ ein Körper mit mindestens drei Elementen, $A$ eine endlichdimensionale assoziative auflösbare $K$-Algebra mit separabler Radikalfaktorstruktur, $T$ ein Radikalkomplement von $rad(A)$ in $A$ und $\mathcal{M}(T) := \{C \mid C \leq T, C = C_T(C_{rad(A)}(C))\}$ und $m_T := \mid \mathcal{M}(T) \mid$. Dann gelten folgende Aussagen:*

*(i) Es gibt genau eine Isomorphie-Klasse des Nilradikals von $A^\circ$.*

*(ii) Es gibt genau eine Isomorphie-Klasse der Cartan-Teilalgebren von $A^\circ$.*

*(iii) Es gibt nur endlich viele Isomorphie-Klassen maximal Lie-nilpotenter Teilalgebren von $A^\circ$.*

*(iv) Die Anzahl der der Isomorphie-Klassen maximal Lie-nilpotenter Teilalgebren von $A^\circ$ kann durch $m_T$ nach oben abgeschätzt werden, und es gilt $m_T \leq B(dim_K(T))$.*

*(v) Ist $T$ zu $K^n$ isomorph für ein $n \in \mathbb{N}$, so ist $m_T \leq B(n)$.*

**Beweis**. ad(i) und (ii): siehe Sätze 20 und 14.

ad(iii)-(v): In Proposition 10 haben wir eingesehen, dass wir alle maximal Lie-nilpotenten Teilalgebren bis auf Konjugation mit $1+rad(A)$ so erhalten, dass der vollseparable Anteil in dem fest vorgegeben Radikalkomplement $T$ liegt. Mit Hilfe der Sätze 24 und 25 haben wir gefolgert, dass der vollseparable Anteil in $T$ durch die Menge $\mathcal{M}(T)$ beschrieben werden kann, und dass wir alle mit Hilfe dieser Menge eindeutig konstruieren können. Daher ist die Anzahl der maximal Lie-nilpotenten Teilalgebren, deren vollseparabler Anteil der Menge $\mathcal{M}(T)$ genügt, höchstens so gross wie diese Menge. Diese Menge besteht aus unitalen Teilalgebren von $T$, und aus Korollar 4 erhalten wir die Endlichkeit dieser Menge. Sie kann nach demselben Satz wie angegeben abgeschätzt werden.$\diamond$

# Endliche Isomorphie-Zahl

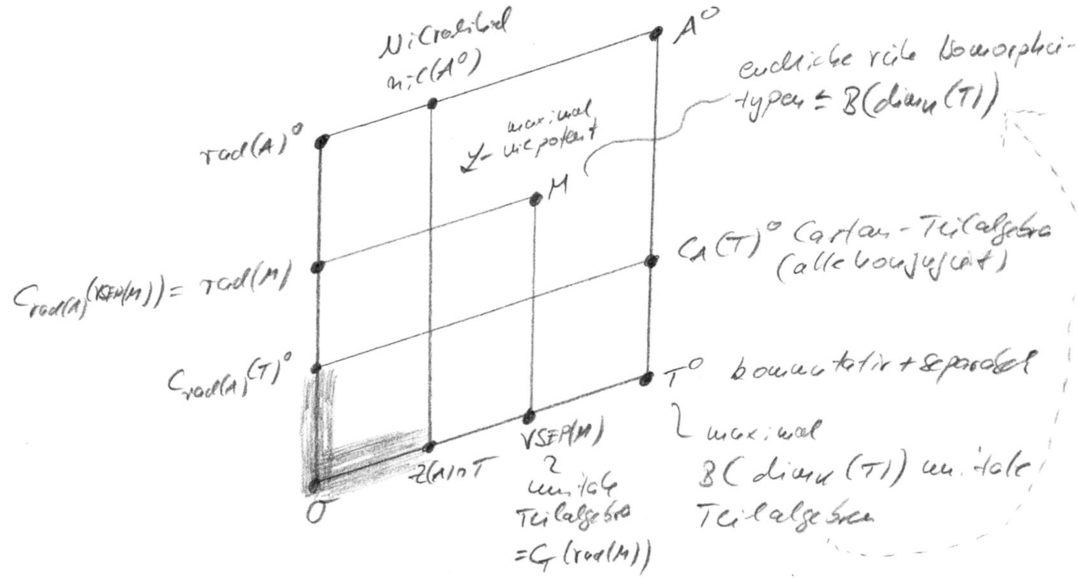

## 6.5 Mächtigkeitsbeziehungen

In diesem Abschnitt untersuchen wir Mächtigkeitsbeziehungen von Mengen von Teilalgebren, die bei der Beschreibung maximal Lie-nilpotenter Teilalgebren in diesem Kapitel von Bedeutung sind. Wir beginnen, diese zunächst zu definieren.

**Definition und Bemerkung 4** Seien $K$ ein Körper, $A$ eine assoziative und endlich-dimensionale $K$-Algebra mit separabler Radikalfaktorstruktur und $T$ Radikalkomplement von $rad(A)$ in $A$. Ist $T$ eine Teilalgebra von $A$, so sei $VSEP(T)$ die Menge der vollseparablen Elemente von $T$. Im Kontext von Lie-nilpotenten assoziativen Algebren haben wir eingesehen, dass diese Menge genau dass Radikalkomplement ist, welches zudem zentral ist. Wir definieren nun die folgenden Mengen von Teilalgebren mit Doppel- und Einfach-Zentralisator-Bedingungen und -Beziehungen:

· $\mathcal{A}_{DT} := \{C \mid C \leq T, C_T(C_{rad(A)}(C)) = C\}$

· $\mathcal{A}_{DJ} := \{C \mid C \leq rad(A), C_{rad(A)}(C_T(C)) = C\}$ und

· $\mathcal{A}_{MT} := \{M \mid M \leq A, M = rad(M) \oplus VSEP(M), C_T(rad(M)) = VSEP(M), C_{rad(A)}(VSEP(M)) = rad(M)\}$.

Zusätzlich sei $\mathcal{A}_M$ die Menge der maximal Lie-nilpotenten Teilalgebren. Wir haben gezeigt, dass wir mit den ersten beiden Mengen Elemente der dritten Menge konstruieren können. In dem nächsten Satz sehen wir, dass diese Konstruktionen vollständig und eindeutig sind. Dabei benutzen wir, dass separable Radikalkomplemente nach dem Satz von Wedderburn-Malcev unter dem Radikal konjugiert sind.◇

**Satz 29** *Seien $K$ ein Körper mit mindestens drei Elementen, $A$ eine endlich-dimensionale assoziative auflösbare unitäre $K$-Algebra mit separabler Radikalfaktorstruktur, $T, S$ Radikalkomplemente von $rad(A)$ in $A$ und $r \in rad(A)$ mit $S = T^{1+r}$. Dann gelten folgende Aussagen:*

*(i)* *$\mathcal{A}_{MT}$ ist die Menge der maximal Lie-nilpotenten Teilalgebren $M$ von $A^\circ$, deren vollseparabler Anteil $VSEP(M)$ in $T$ liegt.*

*(ii)* *$\mathcal{A}_{MT}$ und $\mathcal{A}_{MS}$ sind endliche, gleichmächtige Mengen. Genauer gilt: Die Abbildung $\mathcal{A}_{MT} \longrightarrow \mathcal{A}_{MS}, M \mapsto M^{1+r}$ ist eine Bijektion.*

*(iii)* *$\mathcal{A}_{DJ}$ und $\mathcal{A}_{MT}$ sind endliche, gleichmächtige Mengen. Genauer gilt: Die Abbildung $\mathcal{A}_{DJ} \longrightarrow \mathcal{A}_{MT}, N \mapsto C_T(N) \oplus N$ ist eine Bijektion mit Umkehrabbildung $M \mapsto rad(M)$.*

*(iv)* *$\mathcal{A}_{DT}$ und $\mathcal{A}_{MT}$ sind endliche, gleichmächtige Mengen. Genauer gilt: Die Abbildung $\mathcal{A}_{DT} \longrightarrow \mathcal{A}_{MT}, C \mapsto C_{rad(A)}(C) \oplus C$ ist eine Bijektion mit Umkehrabbildung $M \mapsto VSEP(M)$.*

*(v)* $\mathcal{A}_{DT}$ *und* $\mathcal{A}_{DS}$ *sind endliche, gleichmächtige Mengen. Genauer gilt: Die Abbildung* $\mathcal{A}_{DT} \longrightarrow \mathcal{A}_{DS}, C \mapsto C^{1+r}$ *ist eine Bijektion.*

*(vi) Die Anzahl der Elemente von* $\mathcal{A}_{MT}$ *kann durch* $B(dim_K(T))$ *nach oben abgeschätzt werden.*

*(vii)* $\mathcal{A}_M = \bigcup_{r \in rad(A)} (\mathcal{A}_{MT})^{1+r}$

**Beweis**. ad(i): Diese Aussage ist genau der Inhalt von Lemma 9.

ad(ii)+(v): Dies folgt aus Proposition 10.

ad(iii)+(iv): Beide Abbildungen sind nach Satz 25 wohldefiniert. Nach Lemma 9 ist das Radikal bzw. das zentrale Radikalkomplement von $C_T(N) \oplus N$ genau $N$ bzw. $C_T(N)$. Analog ist das Radikal bzw. zentrale Radikalkomplement von $C_{rad(A)}(C) \oplus C$ genau $C_{rad(A)}(C)$ bzw. $C$. Somit ergibt die Hintereinanderausführung der angegeben Abbildungen jeweils die Identität, die erste ist insbesondere injektiv. Die Surjektivität der Abbildungen folgt aus Satz 25.

ad(vi): Dies folgt aus Satz 28.

ad(vii): Nach (i) ist die Vereinigung in $\mathcal{A}_M$. Ist $M$ eine maximale Lie-nilpotente Teilalgebra, so gibt es nach Lemma 9 ein Radikalkomplement, in dem der vollseparable Anteil liegt. Die Behauptung folgt nun aus (ii).◇

**Bemerkung 7** Wir bemerken zwei Punkte zu Satz 29 an:

(i): Ist das Radikal unendlich, so gilt im Allgemeinen nicht, dass $\mathcal{A}_M = \bigcup_{r \in rad(A)} (\mathcal{A}_{MT})^{1+r}$ endlich ist. Wir haben bewiesen, dass jede Menge der Vereinigung endlich und gleichmächtig ist. Ist hingegen $K$ endlich, so kann man mit Hilfe des Satzes 29 die Anzahl von $\mathcal{A}_M$ gegen das Produkt $\mid rad(A) \mid \cdot \mid \mathcal{A}_{MT} \mid$, was wiederum gegen $\mid rad(A) \mid \cdot B(dim_K(T))$ nach oben abschätzbar ist.

(ii): Die Schnitte der Mengen $\mathcal{A}_{MT}$, wobei $T$ sukzessive alle Radikalkomplemente durchläuft, können bis dato noch nicht beschrieben werden. Eine Einsicht hierzu ist die Folgende: Ist $r \in rad(A)$ und $M$ eine maximal Lie-nilpotente Teilalgebra mit $M \in \mathcal{A}_{MT} \cap {\mathcal{A}_{MT}}^{1+r}$, so gilt die Bedingung $r \in C_{rad(A)}(VSEP(M)) = rad(M)$. Daraus erhalten wir $M = M^{1+r}$. Um also neue maximal Lie-nilpotente Teilalgebren beim Übergang von $M$ zu konjugierten von $M$ zu erhalten, muss man den Konjugator ausserhalb des Radikals von $M$ wählen.

Der Beweis von (i) und (ii) verbleibt für den Leser als Übungsaufgabe.$\diamond$

# Mächtigkeiten

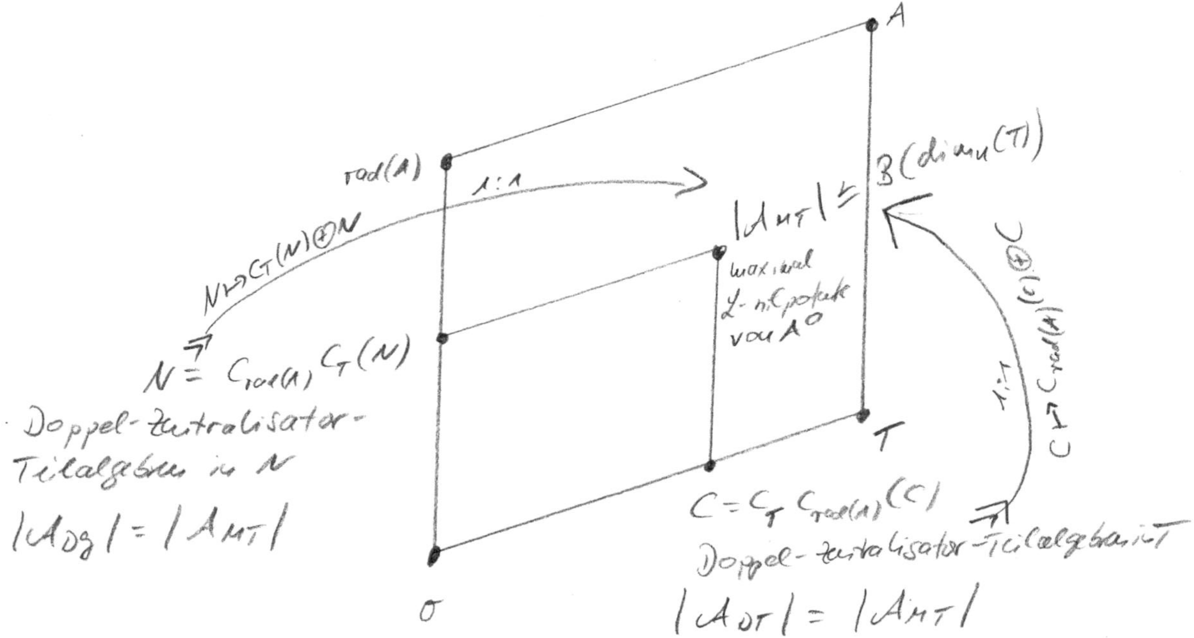

## 6.6 Beispiele

Für unsere Standardbeispiele – den Solomon-Tits-Algebren, den Solomon-Algebren, den Dreiecksmatrizen und den auflösbaren Gruppenalgebren – hat sich der Autor entschlossen, einen weiteren Band dieser Serie zu schreiben. In diesem werden wir die maximale Nilpotenz dieser Algebren genauer und möglichst allgemein untersuchen. Dazu sind noch weitere theoretische Überlegungen notwendig, die an dieser Stelle den Leser aber zu weit von der eigentlichen Thematik entfernen würde. Um die Ergebnisse dem Leser aber an dieser Stelle schon zu illustrieren, beenden wir dieses Kapitel mit einigen Beispielen zu den Dreiecksmatrizen in kleinen Dimensionen.

Im Rahmen der Beispiele seien $K$ ein Körper mit mindestens drei Elementen, $A$ eine endlich-dimensionale assoziative auflösbare $K$-Algebra mit separabler Radikalfaktorstruktur, $T, S$ Radikalkomplemente von $rad(A)$ in $A$ und $r \in rad(A)$ mit $S = T^{1+r}$.

**Beispiel 4** *(maximale Teilalgebren)* Seien $C$ eine maximale Teilalgebra von $T$ und $N$ eine maximale Teilalgebra von $rad(A)$. Dann gelten

$$C \leq C_T(C_{rad(A)}(C)) \leq T \text{ und } N \leq C_{rad(A)}(C_T(N)) \leq rad(A).$$

Aus der Maximalität der Teilalgebren folgt daher, dass $C$ und $N$ entweder die Doppel-Zentralisator-Eigenschaft haben oder ihr Doppel-Zentralisator schon $T$ oder $rad(A)$ ist. Im ersten Fall ist $C \oplus C_{rad(A)}(C)$ bzw. $N \oplus C_T(N)$ maximal Lie-nilpotent nach Satz 25. Im anderen Fall erzeugen die Doppel-Zentralisatoren eine Cartan-Teilalgebra bzw. das Nilradikal nach den Sätzen 14 und 20.$\diamond$

**Beispiel 5** *(minimal nicht-nilpotent)* Sei $A^\circ$ minimal nicht-nilpotent. Wir zeigen, dass dann das Nilradikal und die Cartan-Teilalgebren die einzig möglichen maximal Lie-nilpotenten Teilalgebren sind. Sei nämlich $M = rad(M) \oplus VSEP(M)$ eine maximal Lie-nilpotente Teilalgebra von $A^\circ$. Wir betrachten die Teilalgebra $B := rad(A) \oplus VSEP(M)$. Ist $B = A$, so muss $VSEP(M)$ ein Radikalkomplement sein. In diesem Fall erhalten wir eine Cartan-Teilalgebra (siehe Satz 14 und Lemma 9). Im anderen Fall ist $B$ Lie-nilpotent und enthält $M$. Somit müssen $M$ und $B$ übereinstimmen, und es gilt $rad(A) = rad(B) = rad(M)$. In diesem Fall liegt das Nilradikal vor (siehe Satz 20 und Lemma 9).

In [59] werden minimal nicht-nilpotente auflösbare Lie-Algebren von E. Stitzinger klassifiziert.$\diamond$

**Beispiel 6** *(Dreiecksmatrizen I)* Wir betrachten die unteren Dreiecksmatrizen $\delta_{u,3}$ für $n = 3$ und untersuchen die Reihe der Radikalpotenzen. Dabei

wenden wir Lemma 10 und Folgerung 6 an. Für das Radikal selbst erzeugen wir durch iteriertes Zentralisator-Bilden das Nilradikal, für den Nullraum eine Cartan-Teilalgebra.
Nun betrachten wir $rad(A)^2$, und dieses Ideal ist gegeben durch die Matrizen der Form $\begin{pmatrix} 0 & 0 & 0 \\ 0 & 0 & 0 \\ a & 0 & 0 \end{pmatrix}$. Man rechnet leicht nach, dass $C_{D(3,K)}(rad(A)^2)$ gegeben ist durch die Matrizen der Gestalt $\begin{pmatrix} x & 0 & 0 \\ 0 & y & 0 \\ 0 & 0 & x \end{pmatrix}$. Des Weiteren ist $C_{rad(A)}(C_{D(3,K)}(rad(A)^2))$ genau $rad(A)^2$. Also ist $rad(A)^2 \oplus C_{D(3,K)}(rad(A)^2)$ eine weitere maximal Lie-nilpotente Teilalgebra von $\delta_{u,3}{}^{\circ}$, die durch die Matrizen der Form $\begin{pmatrix} x & 0 & 0 \\ 0 & y & 0 \\ a & 0 & x \end{pmatrix}$ gegeben ist. (Die Matrizen-Rechnungen möge der Leser als Übungsaufgabe ausführen.) In dem nächsten Beispiel gehen wir dual vor.◇

**Beispiel 7** *(Dreiecksmatrizen II)* Wir betrachten erneut die unteren Dreiecksmatrizen $\delta_{u,3}$ für $n = 3$ und untersuchen alle unitalen Teilalgebren von $D(3, K)$. Durch Anwendung von Lemma 10, Folgerung 6, Lemma 14 und Satz 28 können wir die Isomorphietypen maximal Lie-nilpotenter Teilalgebren abschätzen. Es gibt 5 unitale Teilalgebren $T$ von $D(3, K)$. Für jede berechnen wir, wann das sukzessive Zentralisatorbilden stagniert und ermitteln daraus maximal Lie-nilpotente Teilalgebren. So gewinnen wir fünf maximal Lie-nilpotente Teilalgebren, und diese fünf stellen höchstens die Isomorphietypen der maximal Lie-nilpotenten Teilalgebren dar. (Die zugehörigen Matrizen-Rechnungen möge der Leser als Übungsaufgabe ausführen.) Dabei seien $e_1, e_2, e_3$ die entsprechenden orthogonalen primitiven Idempotenten von $D(3, K)$.
$D(3, K)$ ist einzige 3-dimensionale unitale Teilalgebra von sich selbst. Hieraus erzeugen wir durch das Zentralisator-Bilden eine Cartan-Teilalgebra:

$$\begin{pmatrix} 0 & 0 & 0 \\ 0 & 0 & 0 \\ 0 & 0 & 0 \end{pmatrix} \oplus \begin{pmatrix} a & 0 & 0 \\ 0 & b & 0 \\ 0 & 0 & c \end{pmatrix}.$$

Das andere Extrem ist der Teilraum erzeugt von der Eins (also $e_1 + e_2 + e_3$). Mit diesem ergibt das Zentralisator-Bilden das Nilradikal:

$$\begin{pmatrix} 0 & 0 & 0 \\ a & 0 & 0 \\ c & b & 0 \end{pmatrix} \oplus \begin{pmatrix} d & 0 & 0 \\ 0 & d & 0 \\ 0 & 0 & d \end{pmatrix}.$$

Es verbleiben die drei 2-dimensionalen unitalen Teilalgebren von $D(3,K)$, nämlich $T_1 := \langle e_1+e_2, e_3\rangle_K$, $T_2 := \langle e_1+e_3, e_2\rangle_K$ und $T_3 := \langle e_1, e_2+e_3\rangle_K$. Man rechnet leicht nach, dass für alle $i \in \underline{3}$ die Bedingung $T_i := C_{D(3,K)}(C_{rad(\delta_{u,3})}(T_i)) = T_i$ gilt. Das Zentralisator-Bilden stagniert also direkt beim ersten Mal. Daraus erhalten wir folgende maximal Lie-nilpotente Teilalgebren, die wir durch Matrizen darstellen:

$$\begin{pmatrix} 0 & 0 & 0 \\ a & 0 & 0 \\ 0 & 0 & 0 \end{pmatrix} \oplus \begin{pmatrix} b & 0 & 0 \\ 0 & b & 0 \\ 0 & 0 & c \end{pmatrix} \text{ (für } T_1\text{)},$$

$$\begin{pmatrix} 0 & 0 & 0 \\ 0 & 0 & 0 \\ a & 0 & 0 \end{pmatrix} \oplus \begin{pmatrix} b & 0 & 0 \\ 0 & c & 0 \\ 0 & 0 & b \end{pmatrix} \text{ (für } T_2\text{) und}$$

$$\begin{pmatrix} 0 & 0 & 0 \\ 0 & 0 & 0 \\ a & 0 & 0 \end{pmatrix} \oplus \begin{pmatrix} b & 0 & 0 \\ 0 & c & 0 \\ 0 & 0 & c \end{pmatrix} \text{ (für } T_3\text{).}\diamond$$

Möchte man eine Teilalgebra finden, die nicht sofort beim ersten Mal des Doppel-Zentralisierens stagniert, so starte man mit einem Ideal des Radikalkomplementes $D(3,K)$. Da die Stagnationen unitale Teilalgebren sind, können die Ideale nicht stagnieren. Dies gilt allgemein, und der Leser führe dies in $\delta_{u,3}$ als Übungsaufgabe aus.$\diamond$

## 6.7 Zusammenfassung

Um die Ergebnisse im Kapitel über maximal nilpotente Untergruppen besser auf die Einheitengruppe (im übernächsten Kapitel) übertragen zu können, fassen wir die wichtigsten Aussagen nun noch einmal zusammen:

**Hauptsatz 3** *Seien $K$ ein Körper mit mindestens drei Elementen, $A$ eine endlich-dimensionale assoziative unitäre auflösbare $K$-Algebra mit separabler Radikalfaktorstruktur und $T$ ein Radikalkomplement von $rad(A)$ in $A$. Es gelten folgende Aussagen:*

*(i) Jede maximal Lie-nilpotente Teilalgebra $M$ ist eine assoziative unitale Teilalgebra der Form $M = rad(M) \oplus VSEP(M)$, wobei $VSEP(M)$ zentral in $M$ ist und $rad(M) \leq rad(A)$ gilt. Bis auf Konjugation mit einem geeigneten Element $1+r, r \in rad(A)$ ist $VSEP(M)$ eine Teilalgebra von $T$.*

*(ii) Ist $M = rad(M) \oplus VSEP(M)$ eine Lie-nilpotente Teilalgebra mit zentralem Radikalkomplement $VSEP(M)$ in $T$, so ist $M$ genau dann maximal Lie-nilpotent, wenn*

$$rad(M) = C_{rad(A)}(VSEP(M))) \text{ und } VSEP(M) = C_T(rad(M))$$

*gelten.*

(iii) *Alle maximal Lie-nilpotenten Teilalgebren, deren vollseparabler Anteil in $T$ liegt, entstehen durch Doppelzentralisator-Bildung von unitalen Teilalgebren $C$ von $T$ bzw. $N$ von $rad(A)$: $C_T(C_{rad(A)}(C)) \oplus C_{rad(A)}(C_T(C_{rad(A)}(C)))$ und $C_{rad(A)}(C_T(N)) \oplus C_T(C_{rad(A)}(C_T(N)))$ sind maximal Lie-nilpotent.*

(iv) *Die Cartan-Teilalgebren sind genau die Zentralisatoren der Radikalkomplemente.*

(v) *Das Nilradikal ist genau $rad(A) \oplus (Z(A) \cap T)$.*

(vi) *Die Anzahl der Isomorphietypen maximal Lie-nilpotenter Teilalgebren ist endlich und durch $B(dim_K(T))$ nach oben beschränkt.*

(vii) *Die Anzahl der Teilalgebren in (iii) bzgl. dem Radikal und dem Radikalkomplement ist endlich und gleich, und sie stimmt zudem mit der Anzahl aus (ii) überein.*

(viii) $\mathcal{A}_M = \bigcup_{r \in rad(A)} (\mathcal{A}_{MT})^{1+r}$

(ix) *Sei $M$ eine maximal Lie-nilpotente Teilalgebra. Die aufsteigende Lie-Zentralreihe von $M$ ist $Z_n(M^\circ) = Z_n(rad(M)^\circ) \oplus VSEP(M)$ für alle $n \in \mathbb{N}$. Insbesondere gilt $cl(M^\circ) = cl(rad(M)^\circ) \leq cl(rad(M))$.*

(x) *Sei $M$ eine maximal Lie-nilpotente Teilalgebra. Es gilt: $1 \leq cl(C_A(T)^\circ) \leq cl(M^\circ) \leq cl(nil(A^\circ)) = cl(rad(A)^\circ) \leq cl(rad(A))$.*

(xi) *Es gelten die Attraktor- und Repeller-Eigenschaften maximal nilpotenter Teilalgebren aus den Folgerungen 5 und 6.*$\diamond$

## 6.8 Offene Fragen und Übungsaufgaben

**Offene Fragen 5** (i) *Was ist die genaue Anzahl der Isomorphietypen maximal Lie-nilpotenter Teilalgebren?*

(ii) *Folgt aus der Lie-Isomorphie schon die assoziative Isomorphie bei maximal Lie-nilpotenten Teilalgebren?*

(iii) *Was ist die genaue Anzahl der Mengen aus Satz 29?*

(iv) *Was ist das genaue Einzugsgebiet einer maximal Lie-nilpotenten Teilalgebra?*

(v) *Wie sieht das iterierte Zentralisator-Bilden für bestimmte Folgen von nilpotenten Teilalgebren im Radikal aus wie z.B. für die Radikalpotenzen, die absteigende Zentralreihe oder die aufsteigende Zentralreihe?*

(vi) *Gilt Lemma 6 auch ohne Auflösbarkeit?*

(vii) *Aufgrund der Attraktor- und Repeller-Eigenschaft wirft der Autor die Frage auf, was und ob diese Theorie etwas mit dynamischen Systemen gemeinsam hat.*

(viii) *Ist eine Algebra bereits dann futil, wenn sie nur endlich viele unitale Teilalgebren besitzt?*

(ix) *Ist eine Algebra bereits dann futil, wenn sie nur endlich viele nicht-unitale Teilalgebren besitzt?*

(x) *Welche maximalen Teilalgebren im Radikal bzw. im Komplement stagnieren sofort bzw. erreichen die Extrem-Stellen?*

**Übungsaufgabe 85** *Man schlage den Satz von Engel für Lie-Algebren nach und formuliere ihn mathematisch korrekt. Inwiefern ist er in diesem Kapitel von Interesse?*

**Übungsaufgabe 86** *Man beweise Korollar 3 ausführlich!*

**Übungsaufgabe 87** *Man beweise Teil (ii) von Lemma 11.*

**Übungsaufgabe 88** *Man beweise die avisierten Teile von Folgerung 5.*

**Übungsaufgabe 89** *Man beweise die nilpotente Seite von Beispiel 5.*

**Übungsaufgabe 90** *Gibt es ein* $n \in \mathbb{N}$, *so dass* $B(n+1) = B(n) + 2^n - 1$ *erfüllt ist?*

**Übungsaufgabe 91** *Man beweise alle Teile von Folgerung 6.*

**Übungsaufgabe 92** *Man beweise das Lemma von Goursat in der Algebrentheorie. Damit beweise man folgende Aussage: Sei* $A$ *eine futile* $K$*-Algebra über einem Körper* $K$*. Dann ist auch* $A \times K$ *futil. Inwiefern liefert dies einen Beweis der Futilität von* $K^n$*?*

**Übungsaufgabe 93** *Man beweise das Lemma von Goursat in der Gruppentheorie!*

**Übungsaufgabe 94** *Seien* $A$ *eine assoziative* $K$*-Algebra und* $x, y, l \in A$ *sowie* $r \in \mathbb{N}$*. Dann gilt:* $(xy)\,\mathrm{ad}(l)^r = \sum_{i=0}^{r} \binom{r}{k} xad(l)^k yad(l)^{r-k}$.

**Übungsaufgabe 95** *Man beweise oder widerlege: Eine Algebra ist genau dann futil, wenn ihre Adjunktion einer Eins futil ist.*

**Übungsaufgabe 96** *Man beweise die Bemerkung 6 ggfs. durch eine Literaturrecherche.*

**Übungsaufgabe 97** *Wie entstehen maximal Lie-nilpotente Teilalgebren bei direkten Produkten von assoziativen auflösbaren Algebren?*

**Übungsaufgabe 98** *Wie entstehen maximal Lie-nilpotente Teilalgebren bei Tensor-Produkten von assoziativen auflösbaren Algebren?*

**Übungsaufgabe 99** *Wie kann man nicht-unitale Teilalgebren von $K^n$ beschreiben mittels der orthogonalen primitiven Idempotenten und Teilmengen von $\underline{n}$? Wieviele gibt es?*

**Übungsaufgabe 100** *Man bestimme die Anzahl der Ideale, der unitalen und nicht-unitalen Teilalgebren von $K^n$ für $n \leq 10$. Dazu benutze man die Formel $B(n+1) = \sum_{k=0}^{n} \binom{n}{k} B(k)$, die man zunächst beweise (ggfs. durch die zitierte Literatur in diesem Kapitel).*

**Übungsaufgabe 101** *Entstehen alle Teilalgebren von direkten Produkten als direkte Produkte von Teilalgebren der Faktoren? Was gilt bei Gruppen?*

**Übungsaufgabe 102** *Man bestimme die Ideale von direkten Produkten von Algebren: sie entstehen als direkte Produkte von Idealen der Komponenten. (Hiweis: Man betrachte die Projektionen auf die Komponenten eines Ideals) Welche Aussage in diesem Kapitel wird dadurch erweitert?*

**Übungsaufgabe 103** *Man beweise die Beispiele 6 und 7 ausführlich. Wie kann man die Ergebnisse auf die oberen Dreiecksmatrizen übertragen? Wie sieht in Beispiel 7 das iterative Zentralisator-Bilden aus, wenn man mit einem der $2^3$ Ideale von $D(3,K)$ startet? Was gilt für die restlichen nicht-unitalen Teilalgebren von $D(3,K)$?*

**Übungsaufgabe 104** *Man behandle analog zu Übung 103 statt $\delta_{u,3}$ nun $K\Pi_3$!*

**Übungsaufgabe 105** *Man behandle analog zu Übung 103 statt $\delta_{u,3}$ nun $D_3$!*

**Übungsaufgabe 106** *Was ist in Satz 29 die Umkehrabbildung beim Konjugieren mit $1+r$? (Hinweis: Was ist das Inverse von $1+r$?)*

**Übungsaufgabe 107** *Seien die Voraussetzungen von Satz 29 gegeben. Man betrachte die Abbildung von* $\mathcal{A}_{MT}$ *nach* $\mathcal{A}_{DT} \times \mathcal{A}_{DJ}$*, für die die Bedingung* $M \mapsto (VSEP(M); rad(M))$ *gilt. Warum ist es eine Abbildung? Ist sie injektiv, surjektiv oder bijektiv? Welche Mächtigkeitsbeziehungen gelten zwischen diesen Mengen?*

**Übungsaufgabe 108** *Vererben sich maximal Lie-nilpotente Teilalgebren auf Faktoralgebren oder Teilalgebren? Wenn ja, wie? Wenn nein, gebe man Beispiele an und beweise diese!*

**Übungsaufgabe 109** *Ist maximale Nilpotenz mit der Adjunktion einer Eins verträglich?*

**Übungsaufgabe 110** *In Lemma 10 beweise man Teil (ii) erneut mit der Schlussweise aus (i).*

**Übungsaufgabe 111** *In Übung 54 versuche man alle maximal nilpotenten Lie-Teilalgebren zu ermitteln!*

**Übungsaufgabe 112** *In Übung 53 versuche man alle maximal nilpotenten Lie-Teilalgebren zu ermitteln!*

**Übungsaufgabe 113** *Man gebe Beispiele für maximal Lie-nilpotente Untergruppen und Teilalgebren für* $K\Pi_3$*,* $D_3$ *und* $\delta_{u.3}$ *an, die sich vom Nilradikal und von den Cartan-Teilalgebren unterscheiden!*

**Übungsaufgabe 114** *Ist jede maximal nilpotente Untergruppe oder Lie-Teilalgebra abelsch?*

**Übungsaufgabe 115** *Man beweise die im Beweis von Lemma 8 benutzen Aussagen zur Jordan-Zerlegung ausführlich (über die Summe eines nilpotenten und zentralen Elementes).*

**Übungsaufgabe 116** *Was besagt der klassische Doppel-Zentralisator-Satz bei zentralen Divisionsalgebren? Gilt er noch, wenn man die Rollen der einfachen und zentral-einfachen Unterstrukturen vertauscht? Gilt er noch, wenn man nur noch einfache statt zentral-einfache Unterstrukturen betrachtet?*

**Übungsaufgabe 117** *Man beweise die Übungsaufgabe 8 auf Seite 84 in [51]. Inwiefern ist sie in diesem Kapitel relevant?*

**Übungsaufgabe 118** *Man beweise die Bemerkung 7!*

**Übungsaufgabe 119** *Man formuliere und beweise die folgende Transformationsformel genau:* $C_T(J)^{1+r} = C_{T^{1+r}}(J^{1+r})$

**Übungsaufgabe 120** *Gibt es Beispiele Lie-nilpotenter assoziativer Algebren, deren Einheitengruppe nicht nilpotent ist? Gibt es Beispiele für die umgekehrte Richtung?*

**Übungsaufgabe 121** *Sind Teilalgebren separabler Algebren wieder separabel?*

**Übungsaufgabe 122** *Ist jede Algebra von ihren Einheiten erzeugt? Was haben derartige Algebren, wo dies der Fall ist, mit Gruppenalgebren zu tun?*

**Übungsaufgabe 123** *In der Situation von Satz 24 untersuche man, ob Teilalgebren der Form $N \oplus C$, wobei die die Bedingungen $C_T(C_{rad(A)}(C)) = C$ und $C_{rad(A)}(C_T(N)) = N$ gelten, maximal Lie-nilpotent sind.*

**Übungsaufgabe 124** *In den Grundlagen-Büchern 'Basic Algebra I+II' von Nathan Jacobson schlage man alle Resultate und Bemerkungen zu Doppel-Zentralisatoren nach. Inwiefern sind einige für den Dichtesatz von Jacobson interessant?*

**Übungsaufgabe 125** *Seien $K$ ein Körper der Charakteristik $p > 0$ und $n \in \mathbb{N}$. Genau dann ist die Restklassenalgebra des Polynoms $t^n - 1$ halbeinfach, wenn $n$ kein Teiler von $p$ ist. Kann man in diesem die Anzahl der Ideale, der Idempotente und der unitalen bzw. nicht-unitalen Teilalgebren abschätzen?*

**Übungsaufgabe 126** *Man betrachte das Polynom $t^5 - 1$ über $\mathbb{Q}$. Wieviele Ideale und Idempotente hat seine Restklassenalgebra? Wie kann die Anzahl der unitalen bzw. nicht unitalen Teilalgebren abgeschätzt werden?*

**Übungsaufgabe 127** *Seien die Voraussetzungen von Satz 29 gegeben, $M$ eine unitale Teilalgebra von $A$, die das Radikal von $A$ enthält. Was ist der Zentralisator des Radikalkomplementes von $M$ in $M$? Was ist derselbige in $A$? Ist er maximal Lie-nilpotent in $M$ oder $A$? Welche Bedeutung hat dieser Zentralisator? Hängen die Nilradikale von $M$ und $A$ zusammen? Wie?*

**Übungsaufgabe 128** *Man löse Übungsaufgabe 127 mit einer Teilalgebra, die statt des Radikales nun ein Radikalkomplement enthält!*

**Übungsaufgabe 129** *Seien die Voraussetzungen von Satz 29 gegeben. Was passiert, wenn man bei maximal Lie-nilpotenten Teilalgebren statt den Zentralisatoren in $T$ und $rad(A)$ nun die in $A$ betrachtet (statt $T$ oder $rad(A)$ bzw. statt beiden)?*

# Kapitel 7

# Eine Korrespondenz zwischen maximal nilpotenten Untergruppen und Lie-Teilalgebren

## 7.1 Der Korrespondenz-Satz

Als Vorbereitung auf die Korrespondenz wollen wir maximal nilpotente Lie-Teilalgebren aus maximal nilpotenten Untergruppen gewinnen. Dazu benötigen wir das folgende Lemma, das wir bereits in Band I bewiesen haben.

**Lemma 16** *Seien $K$ ein Körper mit mindestens drei Elementen und $A$ eine endlich-dimensionale assoziative unitäre $K$-Algebra mit separabler Radikalfaktorstruktur. Genau dann ist $A^{\circ}$ nilpotent, wenn $E(A)$ nilpotent ist. Ist eine diese beiden Aussagen erfüllt, ist die assoziative Algebra $A$ auflösbar und besitzt (genau) ein zentrales Radikalkomplement.*◇

Zusammen mit dem Lemma 4 und Bemerkung 2 können wir nun maximal nilpotente Lie-Teilalgebren aus maximal nilpotenten Untergruppen konstruieren:

**Satz 30** *Seien $K$ ein Körper mit mindestens drei Elementen, $A$ eine endlich-dimensionale assoziative unitäre auflösbare $K$-Algebra mit separabler Radikalfaktorstruktur. Ist $N$ eine maximal nilpotente Untergruppe von $E(A)$, so gelten folgende Aussagen:*

*(i)* $\langle N\rangle_K$ *ist eine assoziative unitale Teilalgebra von $A$.*

*(ii)* $\langle N\rangle_K = \langle E(\langle N\rangle_K)\rangle_K$

*(iii)* ${\langle N\rangle_K}^{\circ}$ *ist eine maximal nilpotente Lie-Teilalgebra von $A^{\circ}$*

*(iv)* $N = E(\langle N \rangle_K)$.

**Beweis**. ad(i): Dies folgt aus der Tatsache, dass $N$ eine Untergruppe von $E(A)$ ist.

ad(ii): Dies folgt aus Bemerkung 2.

ad(iii): Aus Lemma 4 erhalten wir, dass $\langle N \rangle_K{}^\circ$ wieder nilpotent ist. Aus Lemma 16 ist somit $E(\langle N \rangle_K)$ auch nilpotent. Da $N$ in dieser Einheitengruppe enthalten ist, folgt aus der maximalen Nilpotenz von $N$ nun (iii).

ad(iv): Sei $L$ eine nilpotente Lie-Teilalgebra von $A^\circ$, die oberhalb von $\langle N \rangle_K$ liegt. Wir wählen $L$ maximal, und damit ist nach Satz 23 nun $L$ eine unitale assoziative Teilalgebra. Wegen Lemma 16 ist $E(L)$ nilpotent, und nach Bemerkung 2 ist $L = \langle E(L) \rangle_K$. Wir erhalten nun $N = E(\langle N \rangle_K) \leq E(L)$, und wegen der maximalen Nilpotenz gilt $N = E(L)$. Daraus erhalten wir nun $\langle N \rangle_K = \langle E(L) \rangle_K = L$, und damit ist $\langle N \rangle_K$ maximal Lie-nilpotent.$\diamond$

**Definition 3** Sei $A$ eine assoziative unitäre $K$-Algebra. Mit $\mathcal{E}(\mathcal{A})_M$ bezeichnen wir die Menge der maximal nilpotenten Untergruppen von $E(A)$.$\diamond$

Wir setzen nun maximal Lie-nilpotente Teilalgebren und maximal nilpotente Untergruppen in Beziehung. Damit und mit der Analyse der maximal Lie-nilpotenten Teilalgebren im letzten Kapitel können wir auch die entsprechenden Untergruppen studieren. Das demonstrieren wir dann im nächsten Kapitel. An dieser Stelle benutzen wir auch den Satz von Xiankun Du, der uns zeigt, dass die Nilpotenzklassen der korrespondierenden Teilalgebren und Untergruppen identisch sind. Unter dieser Korrespondenz hängen auch die Carter-Untergruppen und Cartan-Teilalgebren sowie das Nilradikal und die Fitting-Untergruppe zusammen.

**Hauptsatz 4** *Seien $K$ ein Körper mit mindestens drei Elementen, $A$ eine endlich-dimensionale assoziative unitäre auflösbare $K$-Algebra mit separabler Radikalfaktorstruktur. Dann sind die Abbildungen*

$$t_M : \mathcal{A}_M \longrightarrow \mathcal{E}(\mathcal{A})_M, M \mapsto E(M) \text{ und } u_M : \mathcal{E}(\mathcal{A})_M \longrightarrow \mathcal{A}_M, U \mapsto \langle U \rangle_K$$

*zueinander inverse Bijektionen.*

*Seien $T$ ein Radikalkomplement von $rad(A)$ in $A$ und $M$ eine maximal Lie-nilpotente Teilalgebra von $A^\circ$ mit $VSEP(M) \leq T$. Es gelten folgende Aussagen:*

*(i) Es gelten $M = rad(M) \oplus VSEP(M)$ und $E(M) = (1 + rad(M)) \times E(VSEP(M))$.*

*(ii)* *Für alle* $n \in \mathbb{N}$ *gelten* $Z_n(M^\circ) = Z_n(rad(M)^\circ) \oplus VSEP(M)$ *und* $Z_n(E(M)) = (1+Z_n(rad(M)^\star)) \times E(VSEP(M)) = (1+Z_n(rad(M)^\circ)) \times E(VSEP(M))$.

*(iii)* $cl(M^\circ) = cl(rad(M)^\circ) = cl(rad(M)^\star) = cl(1+rad(M)) = cl(E(M)) \leq cl(rad(A))$

*(iv)* *Cartan-Teilalgebren und Carter-Untergruppen sind über diese Bijektionen miteinander verbunden.*

*(v)* *Das Nilradikal und die Fitting-Untergruppe sind über diese Bijektionen miteinander verbunden.*

**Beweis**. Nach Satz 30 ist die Abbildung $u_M$ wohldefiniert, und es gilt für jede maximal nilpotente Untergruppe $U$ von $E(A)$ die Beziehung $Uu_Mt_M = U$.
Sei nun $M$ eine maximal nilpotente Lie-Teilalgebra von $A^\circ$. Dann ist nach Hauptsatz 3 die Lie-Teilalgebra $M$ sogar eine assoziative unitale Teilalgebra, und es gilt $M = rad(M) \oplus VSEP(M)$, wobei $VSEP(M)$ eine in $M$ zentrale separable kommutative Teilalgebra ist. Daraus folgt leicht $E(M) = (1 + rad(M)) \times E(VSEP(M))$, wobei $E(VSEP(M))$ ein zentraler Normalteiler von $E(M)$ ist (siehe z.B. [68]). Insbesondere gilt (i), und $E(M)$ ist nilpotent. Damit, sowie mit dem Hauptsatz 1 zur Thematik des Satzes von Xiankun Du erhalten wir (ii) und (iii). Die Aussagen (iv) und (v) folgen aus den entsprechenden Resultaten der Sätze 16, 14, 21 und 20.
Wir zeigen als nächstes, dass $E(M)$ maximal nilpotent ist. Sei $E(M) \leq U \leq E(A)$, wobei $U$ eine maximal nilpotente Untergruppe von $E(A)$ ist. Mit Hilfe von Bemerkung 2 und Lemma 4, erhalten wir, dass $M = \langle E(M)\rangle_K \leq \langle U\rangle_K \leq \langle E(A)\rangle_K = A$ gilt sowie $\langle U\rangle_K$ wieder Lie-nilpotent ist. Aus der Maximalität von $M$ erhalten wir $M = \langle U\rangle_K$, also $E(M) = E(\langle U\rangle_K)$. Aus Satz 30 folgern wir zudem $U = E(\langle U\rangle_K)$, womit insgesamt $E(M) = U$ gilt. Somit ist auch die Abbildung $t_M$ wohldefiniert. Des Weiteren gilt nach Bemerkung 2 auch $M = \langle E(M)\rangle_K$, und dies heisst übersetzt $Tt_Mu_M = T$.$\diamond$

Betrachtet man jetzt Beispiel 7, so sind die Einheitengruppen der dort konstruierten maximal Lie-nilpotenten Teilalgebren Beispiele für fünf maximal nilpotente Untergruppen. Diese sind bis auf Isomorphie höchstens diese fünf, da aus konjugierten Teilalgebren nur konjugierte Untergruppen entstehen. Dies führen wir in Kapitel 8 weiter aus, der Leser kann dies aber nun schon in den Übungsaufgaben selber durchführen.

# Der Korrespondenz-Satz

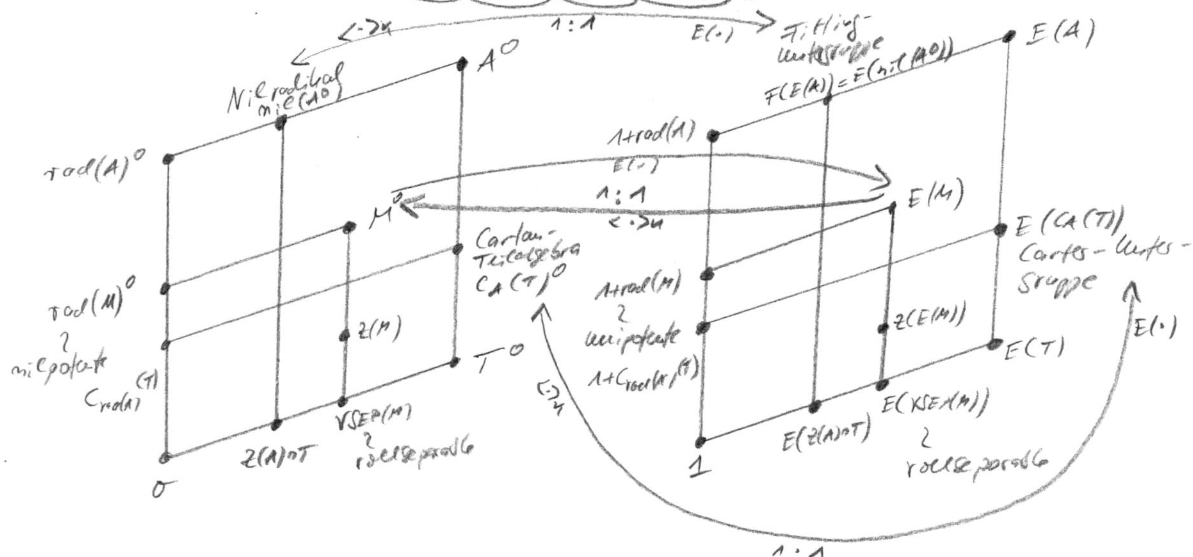


$$cl(M^0) = cl(rad(M)^0) \underset{D4}{=} cl(1+rad(M)) = cl(E(M))$$

$$\leq$$

$$cl(C_A(T)^0) = cl(E(C_A(T))) = cl(C_G(T)^0) = cl(1+C_g(T))$$

$$1 \leq$$

$$\leq$$

$$cl(nil(A^0)) = cl(F(E(A))) = cl(rad(A^0)) \underset{D4}{=} cl(1+rad(A)) \leq dim(rad(A))$$

## 7.2 Offene Fragen und Übungsaufgaben

**Offene Fragen 6** *(i) Gilt diese Korrespondenz auch in anderen Algebrenklassen?*

*(ii) Gilt diese Korrespondenz auch für andere Thematiken wie z.B. Auflösbarkeit?*

**Übungsaufgabe 130** *Man wende den Hauptsatz 4 auf das Beispiel 7 an. Welche Ergebnisse erhält man hierdurch?*

**Übungsaufgabe 131** *Man wende den Hauptsatz 4 auf das Beispiel 6 an. Welche Ergebnisse erhält man hierdurch?*

**Übungsaufgabe 132** *Man wende den Hauptsatz 4 auf das Beispiel 4 an. Welche Ergebnisse erhält man hierdurch?*

**Übungsaufgabe 133** *Man wende den Hauptsatz 4 auf das Beispiel 5 an. Welche Ergebnisse erhält man hierdurch?*

**Übungsaufgabe 134** *Man wende den Hauptsatz 4 auf die Übungsaufgabe 53 an!*

**Übungsaufgabe 135** *Man wende den Hauptsatz 4 auf die Übungsaufgabe 54 an!*

**Übungsaufgabe 136** *(Korrespondenz im abelschen Sinne) Seien $K$ ein Körper mit mindestens drei Elementen, $A$ eine endlich-dimensionale assoziative auflösbare unitäre $K$-Algebra mit separabler Radikalfaktorstruktur. Ziel dieser Aufgabe ist es, eine Korrespondenz zwischen maximal kommutativen Lie-Teilalgebren und Untergruppen abzuleiten. Man beweise:*

*(i) Jede maximal Lie-abelsche Teilalgebra $M$ ist eine assoziative Teilalgebra der Form $M = rad(M) \oplus VSEP(M)$, wobei $rad(M)$ abelsch ist.*

*(ii) Ist $M$ eine maximal Lie-abelsche Teilalgebra, so ist $M$ unital, und es ist $E(M)$ eine maximal abelsche Untergruppe von $E(A)$.*

*(iii) Ist $U$ eine maximal abelsche Untergruppe von $E(A)$, so ist $\langle U\rangle_K$ eine maximal abelsche Teilalgebra von $A^\circ$.*

*(iv) Die Abbildungen $E(\cdot)$ und $\langle\cdot\rangle_K$ sind zueinander inverse Bijektionen von den maximal Lie-abelschen Teilalgebren und den maximal abelschen Untergruppen.*

*(v) Eine assoziative abelsche Teilalgebra der Form $M = rad(M) \oplus VSEP(M)$ (wobei $VSEP(M)$ in einem Radikalkomplement $T$ liege) ist genau dann maximal abelsch, wenn $VSEP(M) = C_T(rad(M))$ gilt und $rad(M)$ maximal abelsch in $C_{rad(M)}(VSEP(M))$ liegt.*

(vi) *Ist* $N$ *eine maximal abelsche Teilalgebra von* $rad(A)$, *so ist* $N \oplus C_T(N)$ *maximal Lie-abelsch.*

(vii) *Sei* $I$ *eine abelsche Teilalgebra von* $rad(A)$. *Man bilde* $C_T(I)$ *und anschliessend* $C_{rad(A)}(C_T(I))$. *In dieser Teilalgebra wähle man eine maximal abelsche Teilalgebra* $N$. *Dann ist* $N \oplus C_T(N)$ *maximal Lie-abelsch. Alle maximal Lie-abelschen Teilalgebren, deren vollseparabler Anteil in* $T$ *liegt, entstehen auf diese Art und Weise.*

# Kapitel 8

# Maximale Nilpotenz in Einheitengruppen auflösbarer assoziativer Algebren

Wir übertragen in diesem Kapitel die Aussagen aus dem Kapitel über maximal nilpotente Lie-Teilalgebren auf maximal nilpotente Untergruppen mit Hilfe des Korrespondenzsatzes aus Kapitel 7. Dies demonstrieren wir teilweise ausführlich, teilweise möge der Leser dies selbst als Übungsaufgabe durchführen, um das Verlagerungsprinzip 'Gruppen-Lie-Theorie' selber anzuwenden und zu erleben.

## 8.1 Eine direkte Zerlegung

**Definition und Bemerkung 5** Seien $A$ eine assoziative unitäre $K$-Algebra und $u \in A$. $u$ heißt unipotent, wenn $u - 1$ nilpotent ist. Im Kontext von endlich-dimensionalen assoziativen unitären auflösbaren $K$-Algebren haben wir in Band I bewiesen, dass das Radikal mit der Menge der nilpotenten Elemente übereinstimmt. Daher gilt in diesem Fall, dass $u$ genau dann unipotent ist, wenn $u \in 1 + rad(A)$ erfüllt ist. Unipotente Elemente liefern zu dem den Zusammenhang von der additiven Jordan-Zerlegung zur sog. multiplikativen Jordan-Zerlegung. Ist $a = a_{nil} + a_{vsep}$ eine allgemeine Jordan-Zerlegung (siehe z.B. [67]), und ist $a_{vsep} \in E(A)$, so gilt $a = a_{vsep} \cdot (1 + (a_{vsep})^{-1} a_{nil})$, wobei $a_{vsep}$ weiterhin vollseparabel und $1 + (a_{vsep})^{-1} a_{nil}$ unipotent ist. Beide Elemente vertauschen miteinander in dieser multiplikativen Zerlegung. Strukturell bedeutet die multiplikative Zerlegung im Kontext von maximal nilpotenten Untergruppen eine direkte Zerlegung der Untergruppe, was der Inhalt des nächsten Satzes ist, welcher aus dem Korrespondenzsatz 4 folgt.$\diamond$

**Satz 31** *Seien $K$ ein Körper mit mindestens drei Elementen, $A$ eine endlich-dimensionale assoziative unitäre auflösbare $K$-Algebra mit separabler Radikalfaktorstruktur und $U$ eine maximal nilpotente Untergruppe von $E(A)$. Dann gibt es genau eine maximal nilpotente Lie-Teilalgebra von $A^\circ$, so dass folgende Aussagen gelten:*

*(i)* $U = E(M) = (1 + rad(M)) \times E(VSEP(M))$

*(ii)* $E(VSEP(M))$ *ist zentral in* $U$.

*(iii)* $E(VSEP(M))$ *sind genau die vollseparablen invertierbaren Elemente von* $M$.

*(iv)* $1 + rad(M)$ *sind genau die unipotenten Elemente von* $M$.

Beweis. Mit Hilfe des Hauptsatzes 4 wissen wir, dass es genau eine maximal nilpotente Lie-Teilalgebra von $A^\circ$ gibt, so dass $U = E(M)$ gilt. Aus dem Hauptsatz 3 erhalten wir, dass $M$ eine assoziative Teilalgebra ist, $M = rad(M) \oplus VSEP(M)$ gilt sowie $VSEP(M)$ zentral in $M$ ist. Eine semidirekte Zerlegung der Algebra $A$ führt zu einer semidirekten Zerlegung ihrer Einheitengruppe (siehe z.B. [68]). Aus der Zentralität der vollseparablen Elemente von $M$ in $M$ folgt die Behauptung.$\diamond$

Ist $U$ wie in Satz 31, so werden wir auch $U = U_{\mathfrak{U}} \times U_{\mathfrak{V}}$ für die dortige Zerlegung schreiben, wobei $U_{\mathfrak{U}} = 1 + rad(M)$ – also der unipotente Faktor – und $U_{\mathfrak{V}} = E(VSEP(M))$ – also der vollseparable Faktor – sind.

Die folgende Bemerkung ist für die Übertragung der Ergebnisse von Lie- zur Gruppentheorie von Bedeutung:

**Bemerkung 8** *Seien $K$ ein Körper mit mindestens drei Elementen, $A$ eine endlich-dimensionale assoziative unitäre auflösbare $K$-Algebra sowie $T$ eine unitale Teilalgebra von $A$. Dann gelten $T = \langle E(T)\rangle_K$ und $E(C_A(T)) = C_{E(A)}(E(T))$.*$\diamond$

## 8.2 Mehrfach-Zentralisatoren

Wir sehen zunächst ein, dass auch maximal nilpotente Untergruppen gewisse Zentralisator- und Doppel-Zentralisator-Bedingungen erfüllen. Das folgende Lemma ist das Pendant zu Lemma 9:

**Lemma 17** *Seien $K$ ein Körper mit mindestens drei Elementen, $A$ eine endlich-dimensionale assoziative unitäre auflösbare $K$-Algebra mit separabler Radikalfaktorstruktur und $U$ eine maximal nilpotente Teilalgebra von $E(A)$. Dann gelten folgende Aussagen:*

*(i)* $C_{1+rad(A)}(U_{\mathfrak{V}}) = U_{\mathfrak{U}}$

*(ii)* $C_{E(T)}(U_{\mathfrak{U}}) = U_{\mathfrak{V}}$

*(iii)* $C_{E(T)}(C_{1+rad(A)}(U_{\mathfrak{V}})) = U_{\mathfrak{V}}$

*(iv)* $C_{1+rad(A)}(C_{E(T)}(U_{\mathfrak{V}})) = U_{\mathfrak{U}}$.

Beweis. Nach Satz 31 gibt es eine maximal nilpotente Lie-Teilalgebra $M$ von $A^\circ$, so dass $U = E(M) = U_{\mathfrak{U}} \times U_{\mathfrak{V}}$ und $M = rad(M) \oplus VSEP(M)$ gelten. Wegen Lemma 9 gelten $C_{rad(A)}(VSEP(M)) = rad(M)$ und $C_T(rad(M)) = VSEP(M)$. Da $VSEP(M)$ von seiner Einheitengruppe erzeugt wird (siehe Bemerkung 8), erhalten wir aus $C_{rad(A)}(VSEP(M)) = rad(M)$ mit Hilfe der Verschiebung um Eins die Aussage (i). Wenden wir auf $C_T(rad(M)) = VSEP(M)$ das Einheitengruppen-Bilden an, so ergibt wiederum Bemerkung 8 (nun der zweite dort bemerkte Teil) die Aussage (ii). Die Aussagen (iii) und (iv) folgen direkt aus (i) und (ii).$\diamond$

Das nächste Lemma – was das Analogon zu Lemma 10 ist – zeigt uns, wie wir maximal nilpotente Untergruppen gewinnen können.

**Lemma 18** *Seien $K$ ein Körper mit mindestens drei Elementen, $A$ eine endlich-dimensionale assoziative unitäre auflösbare $K$-Algebra mit separabler Radikalfaktorstruktur, $T$ ein Radikalkomplement von $rad(A)$ in $A$, $C$ eine Untergruppe von $E(T)$ und $N$ eine Untergruppe von $1 + rad(A)$. Es gelten die folgenden Aussagen:*

*(i) Gilt $C = C_{E(T)}(C_{1+rad(A)}(C))$, so ist $C \times C_{1+rad(A)}(C)$ eine maximal nilpotente Untergruppe von $E(A)$.*

*(ii) Gilt $N = C_{1+rad(A)}(C_{E(T)}(N))$, so ist $C_{E(T)}(N) \times (N)$ eine maximal nilpotente Untergruppe von $E(A)$.*

Beweis. Der Beweis folgt aus dem Analogon zu diesem Lemma, nämlich Lemma 9 sowie mit Hilfe von Satz 31 und Bemerkung 8. Dabei wird der Teil (ii) wie in Lemma 9 auf Teil (i) zurückgeführt, weswegen wir uns nur dem Beweis von (i) widmen. Wir müssen einsehen, dass $C \times C_{1+rad(A)}(C)$ eine maximal nilpotente Untergruppe von $E(A)$ ist. Nach Satz 31 genügt es zu zeigen, dass das $K$-lineare Erzeugnis eine maximal nilpotente Lie-Teilalgebra ist. Dieses ist $\langle C\rangle_K \oplus C_{rad(A)}(\langle C\rangle_K)$. Auf dieses wenden wir Lemma 9 an. Daher müssen wir nur noch zeigen, dass $\langle C\rangle_K = C_T(C_{rad(A)}(\langle C\rangle_K))$ gilt. Dies folgt aber aus der Voraussetzung in (i) sowie mit dem ersten Teil aus Bemerkung 8 angewendet auf $T$ und $E(T)$.$\diamond$

Der folgende Satz zeigt, daß wir die maximal nilpotenten Untergruppen mit Hilfe von Zentralisatoren kennzeichnen können. Aus Lemma 18 und Lemma 17 erhalten wir direkt:

**Satz 32** *Seien $K$ ein Körper mit mindestens drei Elementen, $A$ eine endlich-dimensionale assoziative unitäre auflösbare $K$-Algebra mit separabler Radikalfaktorstruktur, $T$ ein Radikalkomplement und $M = U \times V$ eine nilpotente Untergruppe von $E(A)$, wobei $U \leq 1 + rad(A)$ und $V \leq E(VSEP(T))$ gelten. Es sind äquivalent:*

*(i) $M$ ist maximal nilpotent.*

*(ii) Es gelten $U = C_{1+rad(A)}(V)$ und $V = C_{E(T)}(U)$.*

*Zusatz: Gilt (i) oder (ii), so sind insbesondere $C_{E(T)}(C_{1+rad(A)}(U)) = U$ und $C_{1+rad(A)}(C_{E(T)}(V) = V$ erfüllt.*◇

Wie wir Untergruppen mit der Doppel-Zentralisator-Eigenschaft konstruieren können, zeigt das folgende Analogon zu Lemma 11:

**Lemma 19** *Seien $K$ ein Körper, $A$ eine endlich-dimensionale assoziative $K$-Algebra mit separabler Radikalfaktorstruktur, $T$ ein Radikalkomplement von $rad(A)$ in $A$, $C$ eine Untergruppe von $E(T)$ und $N$ eine Untergruppe von $1 + rad(A)$. Dann gelten folgende Aussagen:*

*(i)* $C_{E(T)}(C_{1+rad(A)}(C_{E(T)}(C_{1+rad(A)}(C)))) = C_{E(T)}(C_{1+rad(A)}(C))$

*(ii)* $C_{1+rad(A)}(C_{E(T)}(C_{1+rad(A)}(C_{E(T)}(N)))) = C_{1+rad(A)}(C_{E(T)}(N))$

<u>**Beweis**</u>. Der Beweis ist analog zu Lemma 11 zu führen und verbleibt für den Leser als Übungsaufgabe. Dieser kann auch alternativ mit dem Korrespondenz-Satz agieren.◇

Eine direkte Anwendung der Lemmata 18 und 19 zeigt, wie wir alle maximal nilpotenten Untergruppen ermitteln können, deren vollseparabler Anteil in einem fixierten Radikalkomplement liegt:

**Satz 33** *Seien $K$ ein Körper mit mindestens drei Elementen, $A$ eine endlich-dimensionale assoziative auflösbare $K$-Algebra mit separabler Radikalfaktorstruktur, $T$ ein Radikalkomplement von $rad(A)$ in $A$, $C$ eine Untergruppe von $E(T)$ und $N$ eine Untergruppe von $1 + rad(A)$. Es gelten folgende Aussagen:*

*(i)* $C_{E(T)}(C_{1+rad(A)}(C)) \times C_{1+rad(A)}(C_{E(T)}(C_{1+rad(A)}(C)))$ *ist maximal nilpotent in $E(A)$.*

*(ii)* $C_{1+rad(A)}(C_{E(T)}(N)) \times C_{E(T)}(C_{1+rad(A)}(C_{E(T)}(N)))$ *ist maximal nilpotent in $E(A)$.*

*Alle maximal nilpotenten Untergruppen von $E(A)$, deren vollseparabler Anteil in $E(T)$ liegt, entstehen auf diese Weise nach Lemma 17.*◇

Der Satz besagt, dass wir auf den Untergruppenverband der Einheitengruppe eines Radikalkomplementes bzw. auf den der Einseinheiten ($= 1+rad(A)$) einmal das Doppel-Zentralisieren anwenden müssen, um anschliessend aus den so ermittelten Untergruppen mit Lemma 18 maximal nilpotente Untergruppen konstruieren zu können. Alle maximal nilpotenten Untergruppen – bei denen der vollseparable Anteil in dem vorgegebenen Radikalkomplement liegt – entstehen so, was die Aussage von Lemma 17 ist.

Es gelten die folgenden Attraktor- bzw. Repeller-Eigenschaften bzgl. der Doppel-Zentralisator-Bildung, die der Leser analog zu Folgerung 5 beweisen möge:

**Folgerung 8** *Seien $K$ ein Körper mit mindestens drei Elementen, $A$ eine endlich-dimensionale assoziative auflösbare $K$-Algebra mit separabler Radikalfaktorstruktur, $T$ ein Radikalkomplement von $rad(A)$ in $A$, $C, D$ Untergruppen von $E(T)$ und $N, M$ Untergruppen von $1 + rad(A)$. Es gelten folgende Aussagen:*

*(i)* *Ist* $C \leq D \leq C_{E(T)}(C_{1+rad(A)}(C))$, *so gilt* $C_{E(T)}(C_{1+rad(A)}(C)) = C_{E(T)}(C_{1+rad(A)}(D))$.

*(ii)* *Ist* $N \leq M \leq C_{1+rad(A)}(C_{E(T)}(N))$, *so gilt* $C_{1+rad(A)}(C_{E(T)}(N)) = C_{1+rad(A)}(C_{E(T)}(M))$.

*(iii)* *Ist* $C_{E(T)}(C_{1+rad(A)}(C)) = C_{E(T)}(C_{1+rad(A)}(D))$, *so folgt* $D \leq C_{E(T)}(C_{1+rad(A)}(C))$.

*(iv)* *Ist* $C_{1+rad(A)}(C_{E(T)}(N)) = C_{1+rad(A)}(C_{E(T)}(M))$, *so folgt* $M \leq C_{1+rad(A)}(C_{E(T)}(N))$.

*(v)* *Gilt* $C_{E(T)}(C_{1+rad(A)}(C)) = C_{E(T)}(C_{1+rad(A)}(D))$, *so ist* $\langle C \cup D \rangle_{\mathcal{G}} \leq C_{E(T)}(C_{1+rad(A)}(C))$ *erfüllt.*

*(vi)* *Gilt* $C_{1+rad(A)}(C_{E(T)}(N)) = C_{1+rad(A)}(C_{E(T)}(M))$, *so ist* $\langle N \cup M \rangle_{\mathcal{G}} \leq C_{1+rad(A)}(C_{E(T)}(N))$ *erfüllt.*

*(vii)* *Ist* $C_{E(T)}(C_{1+rad(A)}(C)) < D$, *so gilt* $C_{E(T)}(C_{1+rad(A)}(C)) < C_{E(T)}(C_{1+rad(A)}(D))$.

*(viii)* *Ist* $C_{1+rad(A)}(C_{E(T)}(N)) < M$, *so gilt* $C_{1+rad(A)}(C_{E(T)}(N)) < C_{1+rad(A)}(C_{E(T)}(M))$.

*(ix)* *Ist $D$ keine Teilmenge von* $C_{E(T)}(C_{1+rad(A)}(C))$, *so ist sie es auch nicht von* $C_{E(T)}(C_{1+rad(A)}(D))$.

*(x)* *Ist $N$ keine Teilmenge von* $C_{1+rad(A)}(C_{E(T)}(N))$, *so ist sie es auch nicht von* $C_{1+rad(A)}(C_{E(T)}(M))$.$\diamond$

**Bemerkung 9** Seien $K$ ein Körper mit mindestens drei Elementen, $A$ eine endlich-dimensionale assoziative unitäre auflösbare $K$-Algebra mit separabler Radikalfaktorstruktur, $T$ ein Radikalkomplement von $rad(A)$ in $A$, $C, D$ Untergruppen von $E(T)$ und $N, M$ Untergruppen von $1 + rad(A)$.
Die Folgerung 8 sowie das Lemma 19 erlauben es uns, Sequenzen von unterschiedlichen maximal nilpotenten Untergruppen zu konstruieren. Dabei beschränken wir uns auf Sequenzen bzgl. des Radikalkomplementes $T$. In den Übungsaufgaben soll der Leser analoge Sequenzen auf Basis des Radikals konstruieren.
Nach Lemma 19 ist – beginnend mit $C$ – die Untergruppe $C_{E(T)}(C_{1+rad(A)}(C))$ geeignet, um eine maximal nilpotente Untergruppe zu konstruieren:

$$C_{1+rad(A)}(C_{E(T)}(C_{1+rad(A)}(C))) \oplus C_{E(T)}(C_{1+rad(A)}(C)).$$

Wir konstruieren Sequenzen von Untergruppen $(C_n)_{n\in\mathbb{N}}$, für die

$$C_{E(T)}(C_{1+rad(A)}(C_n)) = C_n$$

gilt, und daher sind

$$C_n \times C_{1+rad(A)}(C_{E(T)}(C_n))$$

maximal nilpotente Untergruppen für alle $n \in \mathbb{N}$.

**Sequenz 1:**

Wir starten mit $C \leq Z(E(A)) \cap T$. Dann ist $C_{1+rad(A)}(C) = 1 + rad(A)$, und damit erhalten wir $C_1 := C_{E(T)}(C_{1+rad(A)}(C)) = C_{E(T)}(1 + rad(A)) = Z(E(A)) \cap T$, da $A$ auflösbar ist (also $T$ kommutativ ist) und $T$ ein Radikalkomplement ist. Die dazu gehörige maximal nilpotente Untergruppe ist gerade die Fitting-Untergruppe (siehe Hauptsatz 4). Man wähle nun $D_1$ (möglichst minimal) oberhalb von $Z(E(A))\cap T$ und bilde $C_{E(T)}(C_{1+rad(A)}(D_1))$, den wir mit $C_2$ abkürzen. Dann ist $C_2$ echt oberhalb von $C_1$ (siehe Folgerung 8), und mit $C_2$ können wir eine neue maximal nilpotente Untergruppe konstruieren. Man wähle nun $D_2$ (möglichst minimal) oberhalb von $C_2$ (falls dies möglich ist) und fahre analog fort. Ist die Gruppe endlich (z.B. wegen der Endlichkeit von K), so stagniert das Verfahren bei einer Carter-Untergruppe. Es stagniert aber auch im Allgemeinen, wie die folgende Überlegung zeigt: Wir betrachten die – nach unserem Korrespondenzsatz – maximal Lie-nilpotenten Teilalgebren $\langle C_n\rangle_K$. Diese stagnieren wegen der endlichen Dimension. Damit stagnieren auch die Einheitengruppen, welche nach dem Korrespondenz-Satz wieder die Untergruppen $C_n$ sind.

**Sequenz 2:**

Wir beginnen jetzt bei dem Radikalkomplement $C_1 := E(T)$. Dieses erzeugt eine Carter-Untergruppe. Dann gibt es eine minimale Teilalgebra $M_1$ von $T$, so dass $C_{E(T)}(C_{1+rad(A)}(M_1)) = E(T)$ gilt. Wir wählen nun $D_1$ (möglichst maximal) unterhalb von $M_1$, so dass $C_2 := C_{E(T)}(C_{1+rad(A)}(D_1))$ nicht mit $E(T)$ übereinstimmt. Dieses Verfahren wiederholen wir mit $C_2$ an Stelle von $E(T)$. Auf diese Weise werden die Untergruppen $C_n$ immer echt kleiner, so dass wir – im Falle einer endlichen Gruppe – irgendwann nach endlich vielen Schritten in $Z(E(A)) \cap T$ landen. Hier stagniert das Verfahren und erzeugt die Fitting-Untergruppe. Im unendlichen Fall stagniert diese Sequenz auch, und zwar mit Hilfe der analogen Bemerkung wie zu Sequenz 1.

**Sequenz 3:**

Dies ist eine Mischform aus den Verfahren von Sequenz 1 und 2. Hierzu wählen wir eine beliebige Untergruppe $C$, so dass diese weder eine Carter-Untergruppe noch die Fitting-Untergruppe erzeugt (wenn es so eine gibt). Von $C$ ausgehend können wir einerseits eine Sequenz nach oben analog zu Sequenz 1 bilden. Der Prozess endet dann bei einer Carter-Untergruppe. Andererseits können wir das Verfahren in Sequenz 2 nutzen, um uns nach unten fortzupflanzen und bei der Fitting-Untergruppe zu stagnieren.

Diese Konstruktionen zeigen, daß sich die Carter-Untergruppen und die Fitting-Untergruppe unter den maximal nilpotenten Untergruppen als extrem erweisen. Für die Fitting-Untergruppe muss der Anteil in $E(T)$ extrem klein, für die Carter-Untergruppen extrem gross sein. Da der Leser die analogen Sequenzen für das Radikal durchführen soll, so erkennt er, dass in diesem Fall der nilpotente Anteil für die Fitting-Untergruppe extrem gross und für die Carter-Untergruppen extrem klein ist. Dies zeigt auch die nächste Kennzeichnung der Fitting-Untergruppe und der Carter-Untergruppen.$\diamond$

Mit Hauptsatz 4 und Folgerung 6 folgt (und verbleibt auch in den Übungsaufgaben zu beweisen):

**Folgerung 9** *Seien $K$ ein Körper mit mindestens drei Elementen, $A$ eine endlich-dimensionale assoziative auflösbare unitäre $K$-Algebra mit separabler Radikalfaktorstruktur, $T$ ein Radikalkomplement von $rad(A)$ in $A$, $C$ eine Untergruppe von $E(T)$ und $N$ eine Untergruppe von $1 + rad(A)$. Es gelten folgende Aussagen:*

*(i) Genau dann gilt $C_{E(T)}(C_{1+rad(A)}(C)) = Z(E(A)) \cap T$, wenn $C$ eine Untergruppe von $Z(E(A)) \cap T$ ist.*
*Genau diese Untergruppen erzeugen wie in Satz 33 beschrieben die Fitting-Untergruppe. (Attraktor oder auch Einzugsgebiet der Fitting-Untergruppe in $E(T)$)*

*(ii) Genau dann gilt $C_{1+rad(A)}(C_{E(T)}(N)) = C_{1+rad(A)}(E(T))$, wenn $N$ eine Untergruppe von $C_{1+rad(A)}(E(T))$ gilt.*

*Genau diese Untergruppen erzeugen wie in Satz 33 beschrieben eine Carter-Untergruppe. (Attraktor oder auch Einzugsgebiet der Carter-Untergruppen in $1 + rad(A)$)*

*(iii) Genau dann gilt $C_{1+rad(A)}(C_{E(T)}(N)) = 1 + rad(A)$, wenn $C_{E(T)}(N)$ zentral in $E(A)$ ist. Genau diese Untergruppen erzeugen wie in Satz 33 beschrieben die Fitting-Untergruppe. (Attraktor oder auch Einzugsgebiet der Fitting-Untergruppe in $1 + rad(A)$)*

*(iv) Genau dann gilt $C_{E(T)}(C_{1+rad(A)}(C)) = E(T)$, wenn $C_{1+rad(A)}(C) = C_{1+rad(A)}(E(T))$ gilt. Genau diese Untergruppen erzeugen wie in Satz 33 beschrieben eine Carter-Untergruppe. (Attraktor oder auch Einzugsgebiet der Carter-Untergruppe in $E(T)$)*$\diamond$

Inwiefern die Ergebnisse von einem speziellen Radikalkomplement unabhängig sind, zeigt das nächste Resultat, welches der Leser mittels des Satzes von Wedderburn-Malcev in den Übungsaufgaben nachvollziehen möge:

**Proposition 12** *Seien $K$ ein Körper mit mindestens drei Elementen, $A$ eine endlich-dimensionale assoziative auflösbare $K$-Algebra mit separabler Radikalfaktorstruktur, $T, \hat{T}$ Radikalkomplemente von $rad(A)$ in $A$. Ist $\hat{U}$ eine maximal nilpotente Untergruppe von $E(A)$ mit $\hat{U}_{\mathfrak{V}} \in E(\hat{T})$, so gibt es ein $r \in rad(A)$ mit $(\hat{U})_{\mathfrak{V}}^{1+r} \in E(T)$.*

*Durch ein Wechsel des Radikalkomplements entstehen als nur isomorphe Kopien von maximal nilpotenten Untergruppen.*$\diamond$

Zum Abschluss dieses Abschnittes leiten wir eine Abschätzung für die Nilpotenzklasse maximal nilpotenter Untergruppen her, und auch hier zeigt sich die Extremalität der Carter-Untergruppen und die der Fitting-Untergruppe. Der Beweis folgt abermals mit dem Hauptsatz 4 sowie dem Analogon, nämlich Korollar 3. Insbesondere ist die Aussage des Satzes von Xiankun Du hier wieder sehr entscheidend (auch dieses Resultat möge der Leser als Übungsaufgabe beweisen):

**Korollar 5** *Seien $K$ ein Körper mit mindestens drei Elementen, $A$ eine endlich-dimensionale assoziative auflösbare unitäre $K$-Algebra mit separabler Radikalfaktorstruktur, $T$ ein Radikalkomplement von $rad(A)$ in $A$, $U$ eine maximal nilpotente Untergruppe von $E(A)$ und $M$ die korrespondierende maximal nilpotente Lie-Teilalgebra von $A^\circ$ – also $M = \langle U \rangle_K$. Dann gelten folgende Aussagen:*

*(i) Die aufsteigende Zentralreihe von $U$ ist $Z_n(U) = Z_n(U_{\mathfrak{U}}) \oplus U_{\mathfrak{V}}$ für alle $n \in \mathbb{N}$. Insbesondere gilt $cl(U) = cl(U_{\mathfrak{U}}) = cl(M^\circ) = cl(rad(M)^\circ) \leq cl(rad(M))$.*

*(ii) $1 \leq cl(C_A(T)^\circ) = cl(C_{E(A)}(E(T))) \leq cl(M^\circ) = cl(U) \leq cl(F(E(A)) = cl(1 + rad(A)) = cl(nil(A^\circ)) = cl(rad(A)^\circ) \leq cl(rad(A))$.*$\diamond$

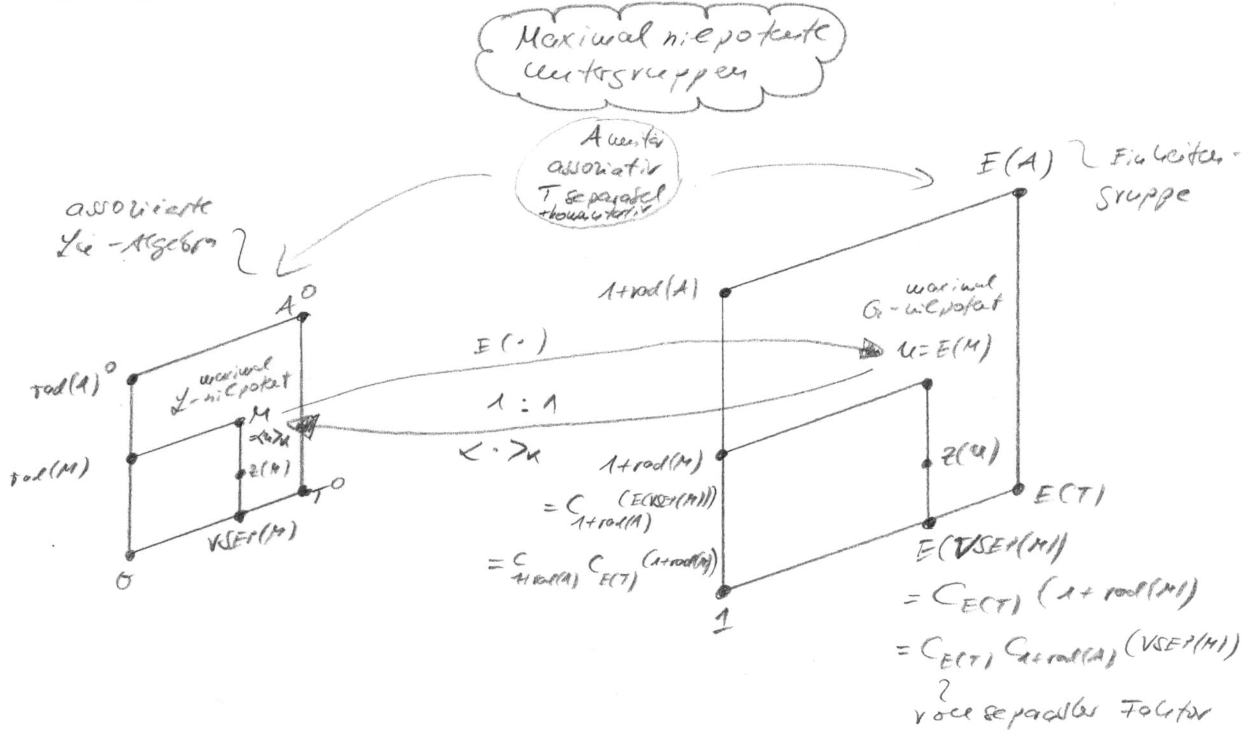
Maximal nilpotente Untergruppen
A unitär assoziativ T separabel kommutativ
assoziierte Lie-Algebra
Einheiten-gruppe
E(A)
A°
rad(A)°
rad(M)
maximal L-nilpotent
M
z(M)
VSEP(M)
E(·)
1 : 1
1+rad(A)
1+rad(M)
maximal G-nilpotent
E(T)
z(u)
1
E(VSEP(M))
voll separabler Faktor

# Attractor & Repeller

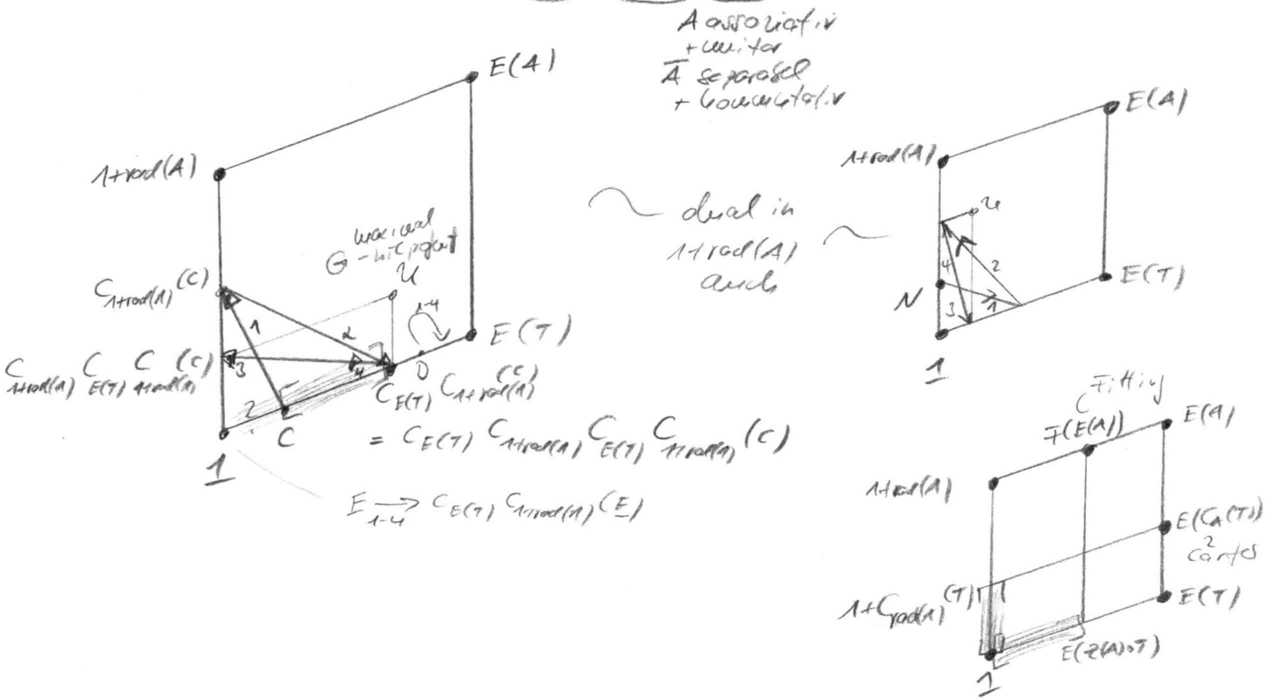

## 8.3 Endlichkeit der Isomorphietypen

Wir wollen in diesem Abschnitt einsehen, dass es nur endlich viele Isomorphietypen maximal nilpotenter Untergruppen gibt. Dazu nutzen wir erneut die Ergebnisse über maximal nilpotente Lie-Teilalgebren sowie den Hauptsatz 4 aus.

**Satz 34** *Seien $K$ ein Körper mit mindestens drei Elementen, $A$ eine endlichdimensionale assoziative auflösbare unitäre $K$-Algebra mit separabler Radikalfaktorstruktur, $T$ ein Radikalkomplement von $rad(A)$ in $A$ und $\mathcal{U}(E(T)) := \{C \mid C \leq E(T), C = C_{E(T)}(C_{1+rad(A)}(C))\}$ und $u_{E(T)} := \mid \mathcal{U}(E(T)) \mid$. Dann gelten folgende Aussagen:*

*(i) Es gibt genau eine (Isomorphie-Klasse der) Fitting-Untergruppe von $E(A)$.*

*(ii) Es gibt genau eine Isomorphie-Klasse der Carter-Untergruppen von $E(A)$.*

*(iii) Es gibt nur endlich viele Isomorphie-Klassen maximal nilpotenter Untergruppen von $E(A)$. Diese stimmt mit der Anzahl maximal nilpotenter Lie-Teilalgebren von $A^\circ$ überein.*

*(iv) Die Anzahl der der Isomorphie-Klassen maximal nilpotenter Untergruppen von $E(A)$ kann durch $m_{E(T)}$ nach oben abgeschätzt werden, und es gilt $u_{E(T)} = m_T \leq B(dim_K(T))$.*

*(v) Ist $T$ zu $K^n$ isomorph für ein $n \in \mathbb{N}$, so ist $u_{E(T)} = m_T \leq B(n)$.*

**Beweis**. ad(i): Per Definition gibt es höchstens eine Fitting-Untergruppe. Dass sie auch existiert, ist ein Inhalt von Satz 21.

ad(ii): Dies folgt aus Satz 2.

ad(iv): Dies folgt aus (iii) und dem entsprechenden Teil von Satz 28.

ad(iii): Wir wollen einsehen, dass die zueinander Inversen Bijektionen – das Einheitengruppen- sowie das K-lineare Erzeugnis-Bilden – des Hauptsatzes zur Korrespondenz auch hier eine Bijektion zwischen $\mathcal{U}(E(T))$ und $\mathcal{M}(T)$ vermitteln. Dabei ist $\mathcal{M}(T) := \{C \mid C \leq T, C = C_T(C_{rad(A)}(C))\}$ wie in Satz 28 definiert. Sei $C \leq E(T)$ mit $C = C_{E(T)}(C_{1+rad(A)}(C))$. Dann gilt für $D := \langle C \rangle_K$ mit Hilfe der Bemerkung 8 die Aussage $D = C_T(C_{rad(A)}(D))$. Ist $D \leq T$ mit $D = C_T(C_{rad(A)}(D))$, so zeigt uns das Einheitengruppen-Bilden zusammen mit Bemerkung 8 die Aussage $E(D) = C_{E(T)}(C_{1+rad(A)}(E(D)))$. Seien nun $C, U \leq E(T)$, für die die Bedingungen $C = C_{E(T)}(C_{1+rad(A)}(C))$ und $U = C_{E(T)}(C_{1+rad(A)}(U))$ gelten. Wir nehmen an, dass $\langle C \rangle_K = \langle U \rangle_K$

gelte, und wir müssen einsehen, dass $C = U$ gilt. Aus Satz 24 wissen wir, dass $\langle C\rangle_K \oplus C_{rad(A)}(\langle C\rangle_K)$ und $\langle U\rangle_K \oplus C_{rad(A)}(\langle U\rangle_K)$ zwei identische maximal Lie-nilpotente Teilalgebren sind. Nach dem Hauptsatz 4 sind es demnach auch ihre Einheitengruppen. Diese enthalten jeweils $C \times C_{1+rad(A)}(C)$ und $U \times C_{1+rad(A)}(U)$, welche nach dem Satz 32 auch maximal nilpotent sind. Daraus ergibt sich nun leicht $U = E(\langle U\rangle_K) = E(\langle D\rangle_K) = D$.◇

## 8.4 Mächtigkeitsbeziehungen

In diesem Abschnitt untersuchen wir Mächtigkeitsbeziehungen von Mengen von Untergruppen, die bei der Beschreibung maximal nilpotenter Untergruppen in diesem Kapitel von Bedeutung sind. Diese werden wir mit den entsprechenden der maximal nilpotenten Lie-Teilalgebren in Beziehung setzen. Wir beginnen, diese zunächst zu definieren.

**Definition und Bemerkung 6** Seien $K$ ein Körper, $A$ eine assoziative unitäre endlich-dimensionale $K$-Algebra mit separabler Radikalfaktorstruktur und $T$ ein Radikalkomplement von $rad(A)$ in $A$. Wir definieren nun die folgenden Mengen von Untergruppen mit Doppel- und Einfach-Zentralisator-Bedingungen und -Beziehungen:

· $\mathcal{G}_{DT} := \{C \mid C \leq E(T), C_{E(T)}(C_{1+rad(A)}(C)) = C\}$

· $\mathcal{G}_{DJ} := \{C \mid C \leq 1 + rad(A), C_{1+rad(A)}(C_{E(T)}(C)) = C\}$ und

· $\mathcal{G}_{UT} := \{U \mid U \leq E(A), U = X \times Y, X \leq 1+rad(A), Y \leq E(T), C_{E(T)}(X) = Y, C_{1+rad(A)}(Y) = X\}$.

Zusätzlich sei $\mathcal{G}_U$ die Menge der maximal nilpotenten Untergruppen. Wir haben gesehen, dass wir mit den ersten beiden Mengen Elemente der dritten Menge konstruieren können. In dem nächsten Satz sehen wir, dass diese Konstruktionen vollständig und eindeutig sind. Dabei benutzen wir, dass separable Radikalkomplemente nach dem Satz von Wedderburn-Malcev unter dem Radikal konjugiert sind.◇

Der folgende Satz folgt aus Satz 29 sowie aus dem Analogon, nämlich Satz 34. Dort haben wir bereits bewiesen, dass die zwei Mengen $\mathcal{G}_{DT}$ und $\mathcal{M}_{DT}$ vermöge der Abbildungen Einheitengruppen- und $K$-Erzeugnis-Bilden von identischer Anzahl sind. Dies liefert den Zusammenhang zwischen Gruppen- und Lie-Theorie. Die anderen Ergebnisse ergeben sich hieraus bzw. sind mit Hilfe der angegeben Bijektionen direkt (in analoger Weise zu Satz 29) zu beweisen und verbleiben daher für den Leser als Übungsaufgabe.

**Satz 35** *Seien $K$ ein Körper mit mindestens drei Elementen, $A$ eine endlich-dimensionale assoziative auflösbare $K$-Algebra mit separabler Radikalfaktorstruktur, $T, S$ Radikalkomplemente von $rad(A)$ in $A$ und $r \in rad(A)$ mit $S = T^{1+r}$. Dann gelten folgende Aussagen:*

(i) $\mathcal{G}_{UT}$ *ist die Menge der maximal nilpotenten Untergruppen* $U$ *von* $E(A)$, *deren vollseparabler Anteil in* $E(T)$ *liegt.*

(ii) $\mathcal{G}_{UT}$ *und* $\mathcal{G}_{US}$ *sind endliche, gleichmächtige Mengen. Genauer gilt: Die Abbildung* $\mathcal{G}_{UT} \longrightarrow \mathcal{G}_{US}, M \mapsto M^{1+r}$ *ist eine Bijektion.*

(iii) $\mathcal{G}_{UT}$ *und* $\mathcal{A}_{MT}$ *sind vermöge Einheitengruppen- und* $K$*-Erzeugnis-Bilden gleichmächtige Mengen.*

(iv) $\mathcal{G}_{DJ}$ *und* $\mathcal{G}_{UT}$ *sind endliche, gleichmächtige Mengen. Genauer gilt: Die Abbildung* $\mathcal{G}_{DJ} \longrightarrow \mathcal{G}_{MT}, N \mapsto C_{E(T)}(N) \times N$ *ist eine Bijektion mit Umkehrabbildung* $M \mapsto 1 + rad(M)$.

(v) $\mathcal{G}_{DJ}$ *und* $\mathcal{A}_{DJ}$ *sind gleichmächtige Mengen.*

(vi) $\mathcal{G}_{DT}$ *und* $\mathcal{G}_{UT}$ *sind endliche, gleichmächtige Mengen. Genauer gilt: Die Abbildung* $\mathcal{G}_{DT} \longrightarrow \mathcal{G}_{UT}, C \mapsto C_{1+rad(A)}(C) \times C$ *ist eine Bijektion mit Umkehrabbildung* $M \mapsto VSEP(M)$.

(vii) $\mathcal{G}_{DT}$ *und* $\mathcal{A}_{DT}$ *sind gleichmächtige Mengen.*

(viii) $\mathcal{G}_{UT}$ *und* $\mathcal{G}_{DS}$ *sind endliche, gleichmächtige Mengen. Genauer gilt: Die Abbildung* $\mathcal{G}_{DT} \longrightarrow \mathcal{G}_{DS}, C \mapsto C^{1+r}$ *ist eine Bijektion.*

(ix) $\mathcal{G}_{DS}$ *und* $\mathcal{A}_{DS}$ *sind gleichmächtige Mengen.*

(x) *Die Anzahl der Elemente von* $\mathcal{G}_{UT}$ *kann durch* $B(dim_K(T))$ *nach oben abgeschätzt werden.*

(xi) $\mathcal{G}_U = \bigcup_{r \in rad(A)} (\mathcal{G}_{UT})^{1+r}$ ◇

**Bemerkung 10** Wir bemerken zwei Punkte zu Satz 35 an:

(i): Ist das Radikal unendlich, so gilt im Allgemeinen nicht, dass $\mathcal{G}_U = \bigcup_{r \in rad(A)} (\mathcal{G}_{UT})^{1+r}$ endlich ist. Wir haben bewiesen, dass jede Menge der Vereinigung endlich und gleichmächtig ist. Ist hingegen $K$ endlich, so kann man mit Hilfe des Satzes $\mathcal{G}_U$ gegen das Produkt $\mid 1 + rad(A) \mid \cdot \mid \mathcal{G}_{UT} \mid$, was wiederum gegen $\mid 1 + rad(A) \mid \cdot B(dim_K(T))$ nach oben abschätzbar ist.

(ii): Die Schnitte der Mengen $\mathcal{G}_{UT}$, wobei $T$ sukzessive alle Radikalkomplemente durchläuft, können bis dato noch nicht beschrieben werden. Eine Einsicht hierzu ist die Folgende: Ist $r \in rad(A)$ und $U$ eine maximal nilpotente Untergruppe mit $U \in \mathcal{G}_{UT} \cap {\mathcal{G}_{UT}}^{1+r}$, so gilt $r \in C_{1+rad(A)}(VSEP(U)) = U_{\mathfrak{U}}$. Daraus erhalten wir $U = U^{1+r}$. Um also neue maximal nilpotente Untergruppen beim Übergang von $U$ zu konjugierten von $U$ zu erhalten, muss man den Konjugator ausserhalb von $U_{\mathfrak{U}}$ wählen.

Der Beweis von (i) und (ii) verbleibt für den Leser als Übungsaufgabe.◇

# Endliche Isomorphie-Zahl

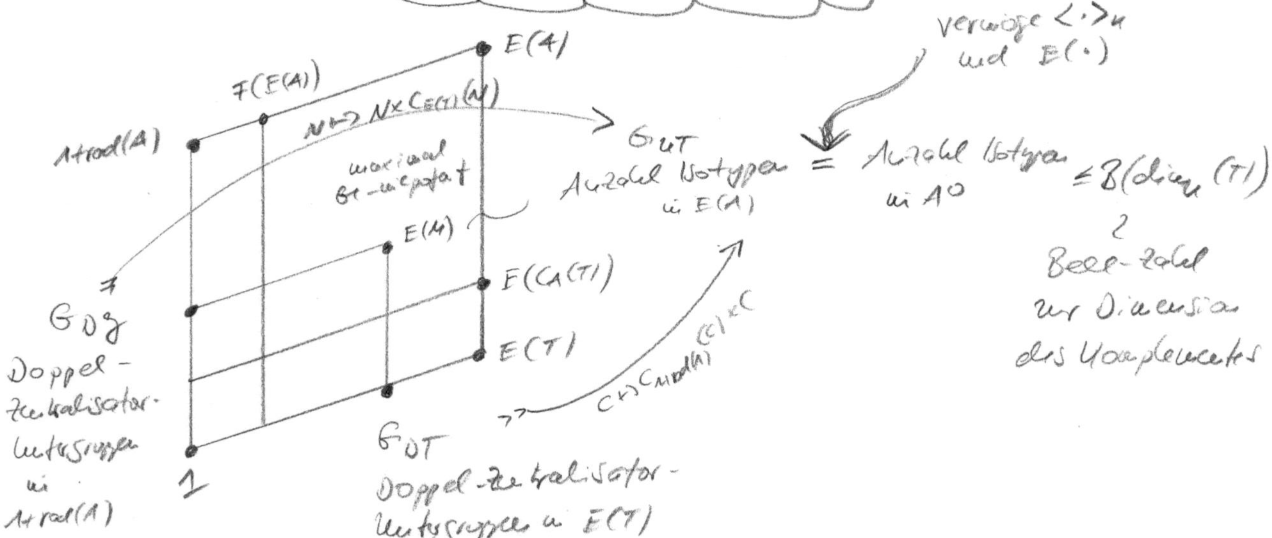


$$|G_{DZ}| = |G_{DT}| = |G_{UT}| \leq B(\dim_K(T))$$

$$|A_{DZ}| = |A_{DT}| = |A_{UT}|$$

## 8.5 Beispiele

Im Rahmen der Beispiele seien $K$ ein Körper mit mindestens drei Elementen, $A$ eine endlich-dimensionale assoziative auflösbare $K$-Algebra mit separabler Radikalfaktorstruktur, $T, S$ Radikalkomplemente von $rad(A)$ in $A$ und $r \in rad(A)$ mit $S = T^{1+r}$.

**Beispiel 8** *(maximale Untergruppe)* Seien $C$ eine maximale Untergruppe von $E(T)$ und $N$ eine maximale Untergruppe von $1 + rad(A)$. Dann gelten $C \leq C_{E(T)}(C_{1+rad(A)}(C)) \leq E(T)$ und $N \leq C_{1+rad(A)}(C_{E(T)}(N)) \leq 1 + rad(A)$. Aus der Maximalität der Untergruppen folgt daher, dass $C$ und $N$ entweder die Doppel-Zentralisator-Eigenschaft haben oder ihr Doppel-Zentralisator schon $E(T)$ oder $1 + rad(A)$ ist. Im ersten Fall ist das direkte Produkt $C \times C_{1+rad(A)}(C)$ bzw. $N \times C_{E(T)}(N)$ maximal nilpotent nach dem Hauptsatz 4. Im anderen Fall erzeugen die Doppel-Zentralisatoren eine Carter-Untergruppe bzw. die Fitting-Untergruppe nach dem Hauptsatz 4.$\diamond$

**Beispiel 9** *(minimal nicht-nilpotent)* Sei $E(A)$ minimal nicht-nilpotent. Wir zeigen, dass dann die Fitting-Untergruppe und die Carter-Untergruppen die einzig möglichen maximal nilpotenten Untergruppen sind. Sei nämlich $U$ eine maximal nilpotente Untergruppe von $E(A)$. Wir betrachten die Untergruppe $B := (1 + rad(A)) \times U_{\mathfrak{V}}$. Ist $B = E(A)$, so muss $U_{\mathfrak{V}}$ eine Einheitengruppe eines Radikalkomplements sein. In diesem Fall erhalten wir eine Carter-Untergruppe (siehe Hauptsatz 4). Im anderen Fall ist $B$ nilpotent und enthält $U$. Somit müssen $U$ und $B$ übereinstimmen, und es gilt $1 + rad(A) = U_{\mathfrak{U}}$. In diesem Fall liegt die Fitting-Untergruppe vor (siehe Hauptsatz 4).$\diamond$

**Beispiel 10** *(Dreiecksmatrizen I)* Wir betrachten die unteren Dreiecksmatrizen $\delta_{u,3}$ für $n = 3$ und untersuchen die Reihe der Radikalpotenzen. Dabei wenden wir Lemma 10 und Folgerung 6 an. Für das Radikal selbst erzeugen wir durch iteriertes Zentralisator-Bilden das Nilradikal, für den Nullraum eine Cartan-Teilalgebra.
Nun betrachten wir $rad(A)^2$, und dieses Ideal ist gegeben durch die Matrizen der Form $\begin{pmatrix} 0 & 0 & 0 \\ 0 & 0 & 0 \\ a & 0 & 0 \end{pmatrix}$. Man rechnet leicht nach, dass $C_{D(3,K)}(rad(A)^2)$ gegeben ist durch die Matrizen der Gestalt $\begin{pmatrix} x & 0 & 0 \\ 0 & y & 0 \\ 0 & 0 & x \end{pmatrix}$. Des Weiteren ist $C_{rad(A)}(C_{D(3,K)}(rad(A)^2))$ genau $rad(A)^2$. Also ist $rad(A)^2 \oplus C_{D(3,K)}(rad(A)^2)$ eine weitere maximal Lie-nilpotente Teilalgebra von $\delta_{u,3}{}^\circ$. Die Matrizen-Rechnungen möge der Leser als Übungsaufgabe ausführen.

Die Einheitengruppen dieser maximal nilpotenten Lie-Teilalgebren sind dann maximal nilpotente Untergruppen. Sie ergeben sich auch, wenn wir ausgehend von den um Eins verschobenen Radikalpotenzen das Zentralisator-Bilden iterativ durchführen. Mit Hilfe der Determinante sind es also die oberen Dreiecksmatrizen $\begin{pmatrix} x & 0 & 0 \\ 0 & y & 0 \\ a & 0 & x \end{pmatrix}$, für die $x^2y \neq 0$ – also $x \neq 0 \neq y$ – gilt. Man beachte dabei, dass sich die Einheitengruppe einer unitalen Teilalgebra im endlich-dimensionalen Fall stets der Schnitt der Teilalgebra mit der Einheitengruppe der umfassenden unitären Algebra ist. Dies rechtfertigt den Gebrauch der Determinante für diese, aber auch für die oberen Dreiecks-Matrizen selbst (als Teilalgebra des vollen Matrix-Ringes). In dem nächsten Beispiel gehen wir dual vor.$\diamond$

**Beispiel 11** *(Dreiecksmatrizen II)* Wir betrachten erneut die unteren Dreiecksmatrizen $\delta_{u,3}$ für $n = 3$ und untersuchen alle unitalen Teilalgebren von $D(3, K)$. Durch Anwendung von Lemma 10, Folgerung 6, Lemma 14 und Satz 28 können wir die Ismorphietypen maximal Lie-nilpotenter Teilalgebren abschätzen. Es gibt 5 unitale Teilalgebren $T$ von $D(3, K)$. Für jede berechnen wir, wann das sukzessive Zentralisatorbilden stagniert und ermitteln daraus maximal Lie-nilpotente Teilalgebren. So gewinnen wir fünf maximal Lie-nilpotente Teilalgebren, und diese fünf stellen höchstens die Isomorphietypen der maximal Lie-nilpotenten Teilalgebren dar. (Die zugehörigen Matrizen-Rechnungen möge der Leser als Übungsaufgabe ausführen.) Dabei seien $e_1, e_2, e_3$ die entsprechenden orthogonalen primitiven Idempotenten von $D(3, K)$.
$D(3, K)$ ist einzige 3-dimensionale unitale Teilalgebra von sich selbst. Hierbei erzeugen wir durch das Zentralisator-Bilden eine Cartan-Teilalgebra:

$$\begin{pmatrix} 0 & 0 & 0 \\ 0 & 0 & 0 \\ 0 & 0 & 0 \end{pmatrix} \oplus \begin{pmatrix} a & 0 & 0 \\ 0 & b & 0 \\ 0 & 0 & c \end{pmatrix}.$$

Das andere Extrem ist der Teilraum erzeugt von der Eins (also $e_1 + e_2 + e_3$). Mit diesem ergibt das Zentralisator-Bilden das Nilradikal:

$$\begin{pmatrix} 0 & 0 & 0 \\ a & 0 & 0 \\ c & b & 0 \end{pmatrix} \oplus \begin{pmatrix} d & 0 & 0 \\ 0 & d & 0 \\ 0 & 0 & d \end{pmatrix}.$$

Es verbleiben die drei 2-dimensionalen Teilalgebren von $D(3, K)$, nämlich $T_1 := \langle e_1{+}e_2, e_3\rangle_K$, $T_2 := \langle e_1{+}e_3, e_2\rangle_K$ und $T_3 := \langle e_1, e_2{+}e_3\rangle_K$. Man rechnet leicht nach, dass für alle $i \in \underline{3}$ die Bedingung $T_i := C_{D(3,K)}(C_{rad(\delta_{u,3})}(T_i)) = T_i$ gilt. Das Zentralisator-Bilden stagniert also direkt beim ersten Mal. Daraus erhalten wir folgende maximal Lie-nilpotente Teilalgebren, die wir durch

Matrizen darstellen:

$$\begin{pmatrix} 0 & 0 & 0 \\ a & 0 & 0 \\ 0 & 0 & 0 \end{pmatrix} \oplus \begin{pmatrix} b & 0 & 0 \\ 0 & b & 0 \\ 0 & 0 & c \end{pmatrix} \text{ (für } T_1\text{)},$$

$$\begin{pmatrix} 0 & 0 & 0 \\ 0 & 0 & 0 \\ a & 0 & 0 \end{pmatrix} \oplus \begin{pmatrix} b & 0 & 0 \\ 0 & c & 0 \\ 0 & 0 & b \end{pmatrix} \text{ (für } T_2\text{) und}$$

$$\begin{pmatrix} 0 & 0 & 0 \\ 0 & 0 & 0 \\ a & 0 & 0 \end{pmatrix} \oplus \begin{pmatrix} b & 0 & 0 \\ 0 & c & 0 \\ 0 & 0 & c \end{pmatrix} \text{ (für } T_3\text{)}.$$

Die zugehörigen Einheitengruppen dieser maximal Lie-nilpotenten Teilalgebren sind maximal nilpotente Untergruppen. Dabei sind die oberen Matrizendarstellungen zu betrachten, deren Determinante – also das Produkt der Diagonalelemente – ungleich Null ist. In obiger Reihenfolge der beschriebenen Teilalgebren sind dies also die Bedingungen $a, b, c \neq 0$, $d \neq 0$ und $b, c \neq 0$.◇

## 8.6 Zusammenfassung

Wir fassen die Ergebnisse zu maximal nilpotenten Untergruppen hier noch einmal zusammen:

**Hauptsatz 5** *Seien $K$ ein Körper mit mindestens drei Elementen, $A$ eine endlich-dimensionale assoziative unitäre auflösbare $K$-Algebra mit separabler Radikalfaktorstruktur und $T$ ein Radikalkomplement von $rad(A)$ in $A$. Es gelten folgende Aussagen:*

*(i) Jede maximal nilpotente Untergruppe ist die Einheitengruppe genau einer maximal Lie-nilpotenten Teilalgebra. Insbesondere gibt es genauso viele maximal nilpotente Untergruppen wie Lie-Teilalgebren.*

*(ii) Jede maximal nilpotente Untergruppe $U$ ist von der Form $U = U_{\mathfrak{U}} \times U_{\mathfrak{V}}$, wobei $U_{\mathfrak{U}}$ die Menge der unipotenten Elemente von $U$ und $U_{\mathfrak{V}}$ die Menge der vollseparablen Elemente von $U$ ist und zentral in $U$ liegt. Bis auf Konjugation mit einem geeigneten Element $1 + r, r \in rad(A)$ ist $U_{\mathfrak{V}}$ eine Untergruppe von $E(T)$.*

*(iii) Ist $U = X \times Y$ eine nilpotente Untergruppe mit $X \leq 1 + rad(A)$ und $Y \leq E(T) \cap Z(U)$, so ist $U$ genau dann maximal nilpotent, wenn*

$$X = C_{1+rad(A)}(Y) \text{ und } Y = C_{E(T)}(X)$$

*gelten.*

(iv) *Alle maximal nilpotenten Untergruppen, deren vollseparabler Anteil in $E(T)$ liegt, entstehen durch Doppelzentralisator-Bildung von Untergruppen $C$ von $E(T)$ bzw. $N$ von $1 + rad(A)$:*
$C_{E(T)}(C_{1+rad(A)}(C)) \times C_{1+rad(A)}(C_{E(T)}(C_{1+rad(A)}(C)))$ *und*
$C_{1+rad(A)}(C_{E(T)}(N)) \times C_{E(T)}(C_{1+rad(A)}(C_{E(t)}(N)))$ *sind maximal nilpotent.*

(v) *Die Carter-Untergruppen sind genau die Zentralisatoren der Einheitengruppen der Radikalkomplemente. Sie sind genau die Einheitengruppen der Cartan-Teilalgebren.*

(vi) *Die Fitting-Untergruppe ist genau $(1 + rad(A)) \times (E(Z(A) \cap T))$. Es ist genau die Einheitengruppe des Nilradikals.*

(vii) *Die Anzahl der Isomorphietypen maximal nilpotenter Untergruppen ist endlich und durch $B(dim_K(T))$ nach oben beschränkt. Sie stimmt mit der entsprechenden Anzahl der maximal Lie-nilpotenten Teilalgebren überein.*

(viii) *Die Anzahl der Untergruppen in (iii) bzgl. dem Radikal und dem Radikalkomplement ist endlich und gleich, und sie stimmt zudem mit der Anzahl aus (ii) überein.*

(ix) $\mathcal{G}_U = \bigcup_{r \in rad(A)} (\mathcal{G}_{UT})^{1+r}$

(x) *Seien $U$ eine maximal nilpotente Untergruppe und $M := \langle U \rangle_K$. Die aufsteigende Lie-Zentralreihe von $U$ ist $Z_n(U) = Z_n(U_\mathfrak{U}) \times U_\mathfrak{V}$ für alle $n \in \mathbb{N}$. Insbesondere gilt nach dem Satz von Xiankun Du $cl(U) = cl(U_\mathfrak{U}) = cl(M^\circ) \leq cl(rad(M))$.*

(xi) *Seien $U$ eine maximal nilpotente Untergruppe und $M := \langle U \rangle_K$. Es gilt: $1 \leq cl(C_{E(A)}(E(T))) \leq cl(U) = cl(M^\circ) \leq cl(F(E(A))) = cl(1 + rad(A)) = cl(nil(A^\circ)) = cl(rad(A)^\circ) \leq cl(rad(A))$.*

(xii) *Es gelten die Attraktor- und Repeller-Eigenschaften aus den Folgerungen 8 und 9.*$\diamond$

## 8.7 Offene Fragen und Übungsaufgaben

**Offene Fragen 7** (i) *Was ist die genaue Anzahl der Isomorphietypen maximal nilpotenter Untergruppen?*

(ii) *Was ist die genaue Anzahl der Mengen aus Satz 35?*

*(iii)* *Was ist das genaue Einzugsgebiet einer maximal nilpotenten Untergruppen?*

*(iv)* *Wie sieht das iterierte Zentralisator-Bilden für bestimmte Folgen von Untergruppen in dem um Eins verschobenen Radikal aus wie z.B. bei den um Eins verschobenen Radikalpotenzen, der absteigende Zentralreihe und der aufsteigende Zentralreihe?*

**Übungsaufgabe 137** *(Einzugsgebiet-Korrespondenz) Seien $A$ eine assoziative unitäre endlich-dimensionale auflösbare $K$-Algebra mit separablem Radikalkomplement $T$, $K$ ein Körper mit mindestens drei Elementen, $C = C_T C_{rad(A)}(C)$ eine (unitale) Teilalgebra von $T$, $J = C_{rad(A)} C_T(J)$ eine Teilalgebra von $rad(A)$, $U = C_{E(T)} C_{1+rad(A)}(U)$ eine Untergruppe von $E(T)$ und $N = C_{1+rad(A)} C_{E(T)}(N)$ eine Untergruppe von $1 + rad(A)$. Ziel dieser Übungsaufgabe ist die Untersuchung der Korrespondenz der Einzugsgebiete dieser Teilalgebren und Untergruppen. Das Einzugsgebiet von $C$ ist die Menge aller Teilalgebren $D$, für die $C_T C_{rad(A)}(C) = C_T C_{rad(A)}(D)$ gilt. Entsprechend ist das Einzugsgebiet von $U$ die Menge aller Untergruppen $V$, für die $C_{E(T)} C_{1+rad(A)}(U) = C_{E(T)} C_{1+rad(A)}(V)$ gilt. Man zeige, dass es eine bijektive Korrespondenz zwischen den Einzugsgebieten von $C$ und $E(C)$ bzw. von $U$ und $\langle U \rangle_K$ gibt. Man definiere zusätzlich die Einzugsgebiete von $J$ und $N$ und zeige anschliessend, dass es eine bijektive Korrespondenz zwischen den Einzugsgebieten von $J$ und $1 + J$ sowie von $N$ und $\langle N \rangle_K$ gibt.*

**Übungsaufgabe 138** *Man überlege sich, welche Eigenschaften der additiven Jordan-Zerlegung (siehe z.B. in [67]) auf die multiplikative übertragbar sind (z.B. Eindeutigkeit, Existenz für separable Elemente, Polynom-Darstellung)*

**Übungsaufgabe 139** *Wie und warum gewinnt man aus der additiven Jordan-Zerlegung die multiplikative? Was ist dabei vorauszusetzen?*

**Übungsaufgabe 140** *Man schlage den Satz von Engel für Gruppen nach und formuliere ihn mathematisch korrekt. Man vgl. ihn und seinen Beweis mit dem des Satzes von Engel über Lie-Algebren.*

**Übungsaufgabe 141** *Man beweise Korollar 5 ausführlich!*

**Übungsaufgabe 142** *Man beweise Lemma 19.*

**Übungsaufgabe 143** *Man beweise die Folgerung 8.*

**Übungsaufgabe 144** *Man beweise die nilpotente Seite von Beispiel 9.*

**Übungsaufgabe 145** *Man beweise alle Teile von Folgerung 9.*

**Übungsaufgabe 146** *Seien $A$ eine assoziative $K$-Algebra und $x, y, l \in A$ sowie $r \in \mathbb{N}$. Dann gilt: $(xy)\,\mathrm{ad}(l)^r = \sum_{i=0}^{r} \binom{r}{k} xad(l)^k yad(l)^{r-k}$. Gibt es dazu eine gruppentheoretisches Pendant?*

**Übungsaufgabe 147** *Wie entstehen maximal nilpotente Untergruppen bei direkten Produkten von assoziativen auflösbaren Algebren?*

**Übungsaufgabe 148** *Wie entstehen maximal nilpotente Untergruppen bei Tensor-Produkten von assoziativen auflösbaren Algebren?*

**Übungsaufgabe 149** *Man beweise die Beispiele 10 und 11 ausführlich. Wie kann man die Ergebnisse auf die oberen Dreiecksmatrizen übertragen? Wie sieht in Beispiel 11 das iterative Zentralisator-Bilden aus, wenn man mit einem der $2^3$ Ideale von $D(3, K)$ startet und anschliessend die Einheitengruppen bildet? Was gilt für die restlichen nicht-unitalen Teilalgebren von $D(3, K)$?*

**Übungsaufgabe 150** *Man behandle analog zu Übung 149 statt $\delta_{u,3}$ nun $K\Pi_3$!*

**Übungsaufgabe 151** *Man behandle analog zu Übung 149 statt $\delta_{u,3}$ nun $D_3$!*

**Übungsaufgabe 152** *Was ist in Satz 35 die Umkehrabbildung beim Konjugieren mit $1 + r$? (Hinweis: Was ist das Inverse von $1 + r$?)*

**Übungsaufgabe 153** *Seien die Voraussetzungen von Satz 35 gegeben. Man betrachte die Abbildung von $\mathcal{G}_{UT}$ nach $\mathcal{G}_{DT} \times \mathcal{G}_{DJ}$ mit $U \mapsto (X; Y)$. Warum ist es eine Abbildung? Ist sie injektiv, surjektiv oder bijektiv? Welche Mächtigkeitsbeziehungen gelten zwischen diesen Mengen?*

**Übungsaufgabe 154** *Ist maximale Nilpotenz mit der Adjunktion einer Eins verträglich?*

**Übungsaufgabe 155** *In Lemma 18 beweise man Teil (ii) erneut mit der Schlussweise aus (i).*

**Übungsaufgabe 156** *In Übung 54 versuche man alle maximal nilpotenten Untergruppen zu ermitteln!*

**Übungsaufgabe 157** *In Übung 53 versuche man alle maximal nilpotenten Untergruppen zu ermitteln!*

**Übungsaufgabe 158** *Man gebe jeweils Beispiele für maximal nilpotente Untergruppen von $K\Pi_3$, $D_3$ und $\delta_{u.3}$ an, die sich von der Fitting-Untergruppe und von den Carter-Teilalgebren unterscheiden!*

**Übungsaufgabe 159** *Ist jede maximal nilpotente Untergruppe abelsch?*

**Übungsaufgabe 160** *Man beweise die Bemerkung 10!*

**Übungsaufgabe 161** *Man übertrage die folgende Transformationsformel auf die Einheitengruppe:* $C_T(J)^{1+r} = C_{T^{1+r}}(J^{1+r})$

**Übungsaufgabe 162** *Gibt es Beispiele Lie-nilpotenter assoziativer Algebren, deren Einheitengruppe nicht nilpotent ist? Gibt es Beispiele für die umgekehrte Richtung?*

**Übungsaufgabe 163** *Man übertrage (und löse) Übung 127 auf die Einheitengruppe.*

**Übungsaufgabe 164** *Man löse Übungsaufgabe 163 mit einer Teilalgebra, die statt des Radikals nun ein Radikalkomplement enthält!*

**Übungsaufgabe 165** *Seien die Voraussetzungen von Satz 35 gegeben. Was passiert, wenn man bei maximal nilpotenten Untergruppen statt den Zentralisatoren in* $E(T)$ *und* $1 + rad(A)$ *nun die in* $E(A)$ *betrachtet (statt* $E(T)$ *oder* $1 + rad(A)$ *bzw. statt beiden)?*

**Übungsaufgabe 166** *Man beweise Hauptsatz 5 ausführlich! Was passiert beim Doppel-Zentralisator-Bilden, wenn man mit einem Normalteiler von* $E(A)$ *in* $E(T)$ *startet? Was passiert analog mit einem Ideal von* $A$*, das in* $T$ *enthalten ist?*

**Übungsaufgabe 167** *Man beweise Satz 35.*

**Übungsaufgabe 168** *Man beweise Proposition 12.*

**Übungsaufgabe 169** *Gilt im Rahmen der multiplikativen und additiven Jordan-Zerlegung* $(a_{vsep})^{-1} = (a^{-1})_{vsep}$*? Was ist die die additive und multiplikative Jordan-Zerlegung von* $a^{-1}$ *und von* $ka$ *mit* $k \in K$*?*

# Kapitel 9

# Fischer-Untergruppen, Projektoren und Injektoren

## 9.1 Fischer-Untergruppen

**Definition und Bemerkung 7** Eine nilpotente Untergruppe $F$ einer Gruppe $G$ heißt Fischer-Untergruppe, wenn sie jede nilpotente Untergruppe enthält, die von $F$ normalisiert wird:

$$\forall U \leq G : \text{U nilpotent} \wedge F \leq N_G(U) \longrightarrow U \leq F.$$

Eine Fischer-Untergruppe ist immer maximal nilpotent. In endlichen auflösbaren Gruppen hat Bernd Fischer bewiesen, dass es Fischer-Untergruppen gibt und dass sie eine Konjugiertenklasse bilden. Wir wollen im Folgenden die Fischer-Untergruppen innerhalb unserer Thematik (von nicht notwendig endlichen, aber auflösbaren Einheitengruppen) bestimmen.◇

**Satz 36** *Seien $K$ ein Körper mit mindestens drei Elementen, $A$ eine endlichdimensionale assoziative unitäre auflösbare $K$-Algebra mit separabler Radikalfaktorstruktur. Dann ist die Fitting-Untergruppe die einzige Fischer-Untergruppe von $E(A)$.*

Beweis. Wir zeigen zunächst, dass $F(E(A))$ eine Fischer-Untergruppe von $E(A)$ ist. $F(E(A))$ ist ein nilpotenter Normalteiler von $E(A)$. Sei $U$ eine nilpotente Untergruppe von $E(A)$ mit $F(E(A)) \leq N_{E(A)}(U)$. Es ist per Definition $U$ ein Normalteiler von $N_{E(A)}(U)$, der nach Voraussetzung nilpotent ist. Da der Normalteiler $F(E(A))$ auch in $N_{E(A)}(U)$ liegt und nilpotent ist, erhalten wir nach dem Satz von Fitting, dass $U \cdot F(E(A))$ ein nilpotenter Normalteiler von $N_{E(A)}(U)$ ist. Da die Fitting-Untergruppe sogar eine maximal nilpotente Untergruppe ist (siehe Satz 21, und nicht nur der maximal nilpotente Normalteiler), erhalten wir $F(E(A)) = U \cdot F(E(A))$. Das bedeutet aber schon $U \leq F(E(A))$. Also ist $F(E(A))$ eine Fischer-Untergruppe.

Es verbleibt zu zigen, dass jede Fischer-Untergruppe schon mit $F(E(A))$ übereinstimmt. Sei als $F$ eine Fischer-Untergruppe von $E(A)$. Der Normalisator von $F(E(A))$ ist ganz $E(A)$, da $F(E(A))$ ein Normalteiler ist. Somit liegt $F$ in diesem Normalisator. Aus der Fischer-Eigenschaft folgt, dass die nilpotente Untergruppe $F(E(A))$ in $F$ enthalten ist. $F$ ist nilpotent und liegt oberhalb von $F(E(A))$. Letztere Untergruppe ist aber maximal nilpotent nach Satz 21, woraus wir $F = F(E(A))$ erhalten.$\diamond$

## 9.2 Das Pendant auf der Lie-Seite: die Fischer-Teilalgebren

**Definition und Bemerkung 8** Sei. $L$ eine $K$-Lie-Algebra. Eine nilpotente Teilalgebra $B$ von $L$ heisst (in Analogie zu den Fischer-Untergruppen) Fischer-Teilalgebra, wenn sie jede nilpotente Teilalgebra enthält, die sie normalisiert:

$$\forall T \leq L : \mathrm{L\,nilpotent} \wedge B \leq N_L(T) \to T \leq B.$$

Ist $M$ eine nilpotente Teilalgebra oberhalb von $B$, so gilt $B \leq M \leq N_L(M)$. Daraus erhalten wir sofort $B = M$, und damit ist $B$ maximal nilpotent. Wir untersuchen nun, was die Fischer-Teilalgebren bei unseren speziellen auflösbaren Lie-Algebren sind.$\diamond$

**Satz 37** *Seien $K$ ein Körper mit mindestens drei Elementen, $A$ eine endlichdimensionale assoziative unitäre auflösbare $K$-Algebra mit separabler Radikalfaktorstruktur. Dann ist das Nilradikal die einige Fischer-Teilalgebra von $A^\circ$. Insbesondere ist die Einheitengruppe der Fischer-Teilalgebra von $A^\circ$ genau die Fischer-Untergruppe von $E(A)$.*

**Beweis**. Wir zeigen zunächst, dass das Nilradikal eine Fischer-Teilalgebra ist. Das Nilradikal ist ein nilpotentes Ideal von $A^\circ$, und es ist nach Satz 20 sogar eine maximal nilpotente Teilalgebra von $A^\circ$. Sei nun $T$ eine nilpotente Teilalgebra von $A^\circ$, die vom Nilradikal $nil(A^\circ)$ normalisiert wird. Dann sind $nil(A^\circ)$ und $T$ nilpotente Ideale des Normalisators von $T$ in $A^\circ$, also nach einem Satz von Hans Fitting auch ihre Summe. Diese Summe liegt oberhalb von $nil(A^\circ)$ und ist nilpotent. Da $nil(A^\circ)$ eine maximal nilpotente Teilalgebra ist, stimmt die Summe mit $nil(A^\circ)$ überein. Folglich liegt $T$ in $nil(A^\circ)$. Es verbleibt zu zeigen, dass jede Fischer-Algebra $B$ von $A^\circ$ schon mit $nil(A^\circ)$ übereinstimmt. $nil(A^\circ)$ ist ein Ideal von $A^\circ$ und damit sein Normalisator ganz $A$. In diesem liegt $B$ trivialerweise, und wir erhalten $nil(A^\circ) \leq B$ aus der Fischer-Eigenschaft. Aus der maximalen Nilpotenz von $nil(A^\circ)$ folgt dann schliesslich $B = nil(A^\circ)$.$\diamond$

**Bemerkung 11** Ein schönerer Beweis wäre es, direkt aus den Definitionen zu zeigen, dass im unseren Kontext von assoziierten Lie-Algebren zu endlichdimensionalen assoziativen unitären auflösbaren $K$-Algebren mit separabler Radikalfaktorstruktur und Körpern mit mindestens drei Elementen die folgenden zwei Aussagen gelten:

(i) Ist $B$ eine Fischer-Teilalgebra von $A^\circ$, so ist ihre Einheitengruppe $E(B)$ eine Fischer-Untergruppe von $E(A)$.

(ii) Ist $F$ eine Fischer-Untergruppe von $E(A)$, so ist $\langle F\rangle_K$ eine Fischer-Teilalgebra von $A^\circ$.

Diese Aussagen gelten postum, würden aber mit Hilfe des Hauptsatzes 4 einen einfacheren Zugang zu dem Zusammenspiel von Fischer-Untergruppen und Fischer-Teilalgebren ergeben (ohne einen zweifachen und sehr ähnlichen Beweis auf Lie- und Gruppenseite). Ein eigenständiger Beweis hierzu ist dem Autor nicht bekannt.$\diamond$

## 9.3 Nilpotente Projektoren

**Definition und Bemerkung 9** Seien $G$ eine Gruppe und $P$ eine Untergruppe von $G$. $P$ heisst nilpotenter Projektor, wenn für jeden Normalteiler $N$ von $G$ die Faktorgruppe $(PN)/N$ maximal nilpotent in $G/N$ ist. Insbesondere ist $P$ selbst eine maximal nilpotente Untergruppe von $G$. In endlichen auflösbaren Gruppen kann man zeigen, dass die Carter-Untergruppen genau die nilpotenten Projektoren sind.$\diamond$

**Satz 38** *Seien $K$ ein Körper mit mindestens drei Elementen, $A$ eine endlichdimensionale assoziative unitäre auflösbare $K$-Algebra mit separabler Radikalfaktorstruktur. Dann ist jeder nilpotente Projektor eine Carter-Untergruppe.*

Beweis. Sei $P$ ein nilpotenter Projektor von $E(A)$. Dann ist Definition und Bemerkung 9 die Untergruppe $P$ eine maximal nilpotente Untergruppe von $E(A)$. Angewendet auf den Normalteiler $1+rad(A)$ erhalten wir aus der Projektor-Eigenschaft, dass $(P(1+rad(A)))/(1+rad(A))$ maximal nilpotent in $E(A)/(1+rad(A))$ ist. Aus der Kommutativität dieser Faktorgruppe ergibt sich also $(P(1+rad(A)))/(1+rad(A)) = E(A)/(1+rad(A))$. Das bedeutet aber schon, dass $E(A) = (1+rad(A)) \cdot P$ gilt. Aus dem Hauptsatz 4 schliessen wir $A = \langle E(A)\rangle_K = rad(A) + \langle P\rangle_K$, und zusätzlich ist $\langle P\rangle_K$ maximal Lie-nilpotent sowie eine assoziative Teilalgebra der Form $\langle P\rangle_K = rad(\langle P\rangle_K) \oplus VSEP(\langle P\rangle_K)$. Wir erhalten $A = rad(A) \oplus VSEP(\langle P\rangle_K)$, und damit ist $VSEP(\langle P\rangle_K)$ ein Radikalkomplement. Wiederum nach dem Hauptsatz 4 ist $\langle P\rangle_K$ eine Cartan-Teilalgebra, und somit ist $P = E(\langle P\rangle_K)$ eine Carter-Untergruppe von $E(A)$. $\diamond$

**Beispiel 12** Ob die Carter-Untergruppen auch die Projektor-Eigenschaft in unserem Kontext besitzen, ist für unendliche Körper weder widerlegt noch bewiesen. Das folgende Beispiel von Derek Holt zeigt jedoch, dass die Carter-Untergruppen in unenendlichen auflösbaren Gruppen nicht notwendig die Projektor-Eigenschaft besitzen müssen, das wir jetzt in englischer Sprache zitieren (siehe [77]):

> This is not true for infinite insoluble groups.
>
> Let $K$ be the direct product of countably infinitely many copies $\langle a_i, b_i \rangle$ $(i \in \mathbb{N})$ of $S_3 = \langle a, b \mid a^2 = b^3 = (ab)^2 = 1 \rangle$, and let $G$ be the semidirect product of $K$ with a group $\langle t \rangle$ of order 2 that acts on each copy of $S_3$ by $a_i^t = a_i b_i$, $b_i^t = b_i^{-1}$. (So $t$ is acting in the same way on $\langle a_i, b_i \rangle$ as conjugation by $a_i b_i^{-1}$.)
>
> Then the subgroup $A = \langle a_i \mid i \in \mathbb{N} \rangle$ is nilpotent (it's an elementary abelian 2-group) and self-normalizing in $G$. But $N = \langle b_i \mid i \in \mathbb{N} \rangle$ (which is an elementary abelian 3-group) is normal in $G$, $G/N$ is abelian, and $AN/N$ is normal of index 2 in $G/N$.$\diamond$

## 9.4 Das Pendant auf der Lie-Seite: nilpotente Lie-Projektoren

**Definition und Bemerkung 10** Seien $L$ eine $K$-Lie-Algebra und $P$ eine Teilalgebra von $L$. Wir nennen $P$ einen nilpotenten Projektor, wenn für jedes Ideal $I$ von $L$ die Teilalgebra $(P + I)/I$ maximal nilpotent in $L/I$ ist. Insbesondere ist $P$ selbst maximal nilpotent in $L$.$\diamond$

**Satz 39** *Seien $K$ ein Körper mit mindestens drei Elementen, $A$ eine endlichdimensionale assoziative unitäre auflösbare $K$-Algebra mit separabler Radikalfaktorstruktur. Dann sind die nilpotenten Projektoren von $A^\circ$ genau die Cartan-Teilalgebren von $A^\circ$. Ihre Einheitengruppen sind genau die Carter-Untergruppen, welche die möglichen nilpotenten Projektoren von $E(A)$ darstellen.*

Beweis. Wir zeigen zunächst, dass die Cartan-Teilalgebren die einzig möglichen Projektoren von $A^\circ$ sind. Sei also $P$ ein nilpotenter Projektor von $A^\circ$. Nach Definition und Bemerkung 10 ist $P$ maximal nilpotent in $A^\circ$, also nach dem Hauptsatz 4 eine assoziative Teilalgebra der Form $P = rad(P) \oplus VSEP(P)$, wobei $VSEP(P)$ zentral in $P$ ist und $rad(P) \leq rad(A)$ gilt. Wenden wir die Projektor-Eigenschaft auf $I := rad(A)$ an, so erhalten wir, dass $(P + rad(A))/rad(A)$ maximal Lie-nilpotent in $A/rad(A)$ ist. Diese Faktoralgebra ist wegen der Auflösbarkeit von $A$ kommutativ, woraus wir $(P + rad(A))/rad(A) = A/rad(A)$ erhalten. Dies bedeutet $A = P + rad(A)$.

Damit ergibt sich $A = rad(P) \oplus VSEP(P) + rad(A)$, woraus wir $A = VSEP(P) \oplus rad(A)$ erhalten. Somit ist $VSEP(P)$ ein Radikalkomplement von $rad(A)$ in $A$. Nach dem Hauptsatz 4 sind die Cartan-Teilalgebren die einzigen maximal Lie-nilpotenten Teilalgebren mit dieser Eigenschaft.

In Band I haben wir in Folgerung 20 eingesehen, dass für genügend grossem Körper $K$ Cartan-Teilalgebren sich auf Faktorstrukturen vererben: Ist $C$ eine Cartan-Teilalgebra von $A^\circ$ und $I$ ein Ideal von $A^\circ$, so ist $(C+I)/I$ eine Cartan-Teilalgebra von $A^\circ/I$. Insbesondere ist sie maximal nilpotent in der Faktoralgebra. Diese Eigenschaft von Cartan-Teilalgebren ist nach [6] sogar allgemeiner gültig: Cartan-Teilalgebren werden unter Lie-Homomorphismen auf Cartan-Teilalgebren in der Bildstruktur abgebildet. Diese Ergebnis wende man nun auf den natürlichen Lie-Epimorphismus von $A$ auf die Faktorstruktur $A/I$ an. Der Abschluss-Satz folgt aus Satz 38.◇

## 9.5 Nilpotente Injektoren

**Definition und Bemerkung 11** Seien $G$ eine Gruppe und $I$ eine Untergruppe von $G$. $I$ heisst nilpotenter Injektor, wenn für jeden Normalteiler $N$ von $G$ der Schnitt $I \cap N$ maximal nilpotent in $G/N$ ist. Insbesondere ist $I$ selbst eine maximal nilpotente Untergruppe von $G$.
In endlichen auflösbaren Gruppen sind die nilpotenten Injektoren genau die maximal nilpotenten Untergruppen oberhalb der Fitting-Untergruppe. Sie sind alle konjugiert.◇

**Bemerkung 12** *(Dedekind-Identität)* Seien $G$ eine Gruppe und $A, B, C$ Untergruppen von $G$ mit $C \leq A$. Dann gilt die Dedekind-Identität

$$A \cap (B \cdot C) = (A \cap B) \cdot C. \diamond$$

**Satz 40** *Seien $K$ ein Körper mit mindestens drei Elementen, $A$ eine endlichdimensionale assoziative unitäre auflösbare $K$-Algebra mit separabler Radikalfaktorstruktur. Dann ist die Fitting-Untergruppe von $E(A)$ der einzige nilpotente Injektor.*

*Genauer gilt für jeden Normalteiler $N$ von $E(A)$, dass $F(E(A)) \cap N = F(N)$ gilt und jede Untergruppe von $N$ oberhalb von $F(N)$ ein Normalteiler von $E(A)$ ist.*

Beweis. $F(E(A))$ ist ein nilpotenter Normalteiler von $E(A)$. Sei $I$ ein nilpotenter Injektor von $E(A)$. dann ist $I \cap F(E(A))$ also maximal nilpotent in $F(E(A))$ und stimmt daher mit $F(E(A))$ überein. Somit liegt $F(E(A))$ in der nilpotenten Untergruppe $I$, welche nach Satz 16 mit $F(E(A))$ übereinstimmen muss.

Sei nun $N$ ein Normalteiler von $E(A)$). Dann ist $F(E(A)) \cap N$ ein nilpotenter Normalteiler von $N$, Sei $U$ eine nilpotente Untergruppe zwischen $F(E(A)) \cap N$ und $N$. Wir zeigen, dass $U$ ein Normalteiler von $E(A)$ ist. Daraus folgt dann offenbar die Behauptung. Seien $g \in E(A)$ und $u \in U$. Dann gilt $u^g = [g, u^{-1}] \cdot u$. Die Ableitung von $E(A)$ liegt nach Satz 16 in $1 + rad(A)$, und dieser Normalteiler ist nach demselben Satz in $F(E(A))$ enthalten. Somit gilt $u^g \in F(E(A)) \cdot U$. Andererseits gilt $u^g \in N^g = N$, da $N$ ein Normalteiler ist. Wir erhalten $u^g \in (F(E(A)) \cdot U) \cap N$. Da $U \leq N$ gilt, erhalten wir aus der Dedekind-Identität 12 nun $u^g \in (F(E(A)) \cap N) \cdot U \leq U$, und damit ist $U$ ein Normalteiler von $E(A)$.$\diamond$

## 9.6 Das Pendant auf der Lie-Seite: nilpotenten Lie-Injektoren

**Definition und Bemerkung 12** Seien $L$ eine $K$-Lie-Algebra und $I$ eine Teilalgebra von $L$. $I$ heisst nilpotenter (Lie-)Injektor, wenn für jeden Ideal $J$ von $L$ der Schnitt $I \cap J$ maximal nilpotent in $J$ ist. Insbesondere ist (angewendet auf $J := L$) die Teilalgebra $I$ selbst eine maximal nilpotente Teilalgebra von $L$.$\diamond$

**Satz 41** *Seien $K$ ein Körper mit mindestens drei Elementen, $A$ eine endlichdimensionale assoziative unitäre auflösbare $K$-Algebra mit separabler Radikalfaktorstruktur. Dann ist das Nilradikal von $A^\circ$ der einzige nilpotente (Lie)-Injektor von $A^\circ$. Seine Einheitengruppe ist der einzige nilpotente Injektor von $E(A)$ und stimmt mit der Fitting-Untergruppe überein.*

*Genauer gilt für jedes Ideal $J$ von $A^\circ$, dass $nil(A^\circ) \cap J$ mit $nil(J)$ übereinstimmt, und es ist jedes Ideal $I$ von $J$ oberhalb von $nil(A^\circ) \cap J = nil(J)$ ein Ideal von $A^\circ$.*

<u>**Beweis**</u>. Wir zeigen zunächst, dass nur das Nilradikal ein nilpotenter Lie-Injektor sein kann. Sei $I$ ein nilpotenter Lie-Injektor von $A^\circ$. Dann ist $nil(A^\circ) \cap I$ maximal nilpotent in $nil(A^\circ)$, welches selbst nilpotent ist. Daher erhalten wir, dass das Nilradikal in der maximal nilpotenten Lie-Teilalgebra $I$ liegt. Aus Satz 20 muss nun schon $I$ das Nilradikal sein.

Sei $J$ ein Ideal von $A^\circ$. Wir müssen einsehen, dass $nil(A^\circ) \cap J$ maximal nilpotent in $J$ ist. Sei also $nil(A^\circ) \cap J \leq T \leq J$ mit nilpotenter Teilalgebra von $J$. Dann gilt $T \circ A \leq A \circ A \leq rad(A) \leq nil(A^\circ)$, da $A$ auflösbar ist. Weiterhin gilt $T \circ A \leq J \circ A \leq J$, da $J$ ein Ideal ist. Also ist $T \circ A$ in $nil(A^\circ) \cap J$ enthalten, was wiederum nach Annahme in $T$ liegt. Wir haben gezeigt, dass $T$ ein nilpotentes Ideal von $A^\circ$ ist, was in $J$ liegt. Also gilt

$T \leq nil(A^\circ) \cap J$. Dies zeigt, dass $nil(A^\circ) \cap J$ maximal nilpotent in $J$ ist und mit $nil(J)$ übereinstimmt.Der Abschluss-Satz folgt aus Satz 40.$\diamond$

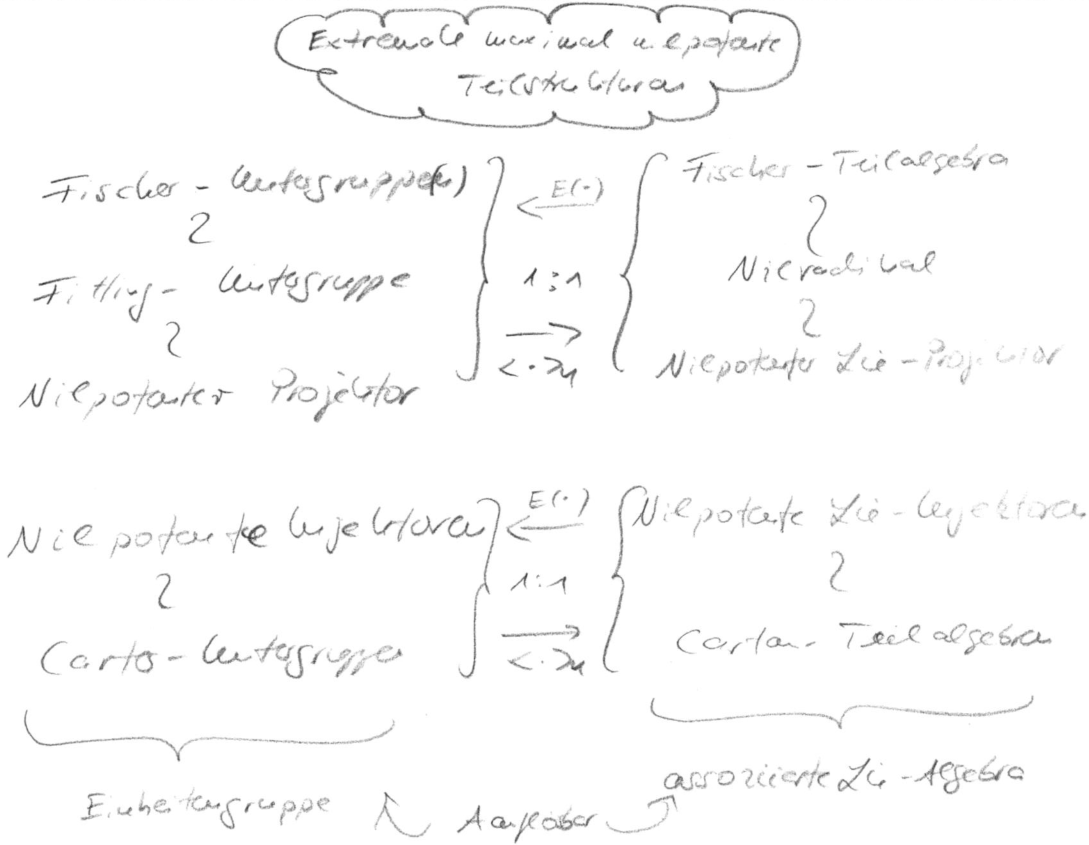

Extremale maximal nilpotente Teilstrukturen
Fischer-Untergruppe(n)
Fitting-Untergruppe
Nilpotenter Projektor
E(·)
1:1
<·>
Fischer-Teilalgebra
Nilradikal
Nilpotenter Lie-Projektor
Nilpotente Injektoren
Carter-Untergruppe
Nilpotente Lie-Injektoren
Carter-Teilalgebra
Einheitengruppe
Aufgaben
assoziierte Lie-Algebra

## 9.7 Offene Fragen und Übungsaufgaben

**Offene Fragen 8** *(i) Sind die Carter-Untergruppen genau die nilpotenten Injektoren (auch für unendliche Körper)?*

*(ii) Gibt es stets Fischer-Teilalgebren in beliebigen (auflösbaren) Lie-Algebren?*

*(iii) Sind Fischer-Teilalgebren in beliebigen (auflösbaren) Lie-Algebren konjugiert?*

*(iv) Wie sehen die Antworten zu den ersten beiden Fragestellungen für nilpotente Lie-Injektoren und Lie-Projektoren aus?*

*(v) Gibt es einen allgemeinen Zusammenhang zwischen Fischer-Teilalgebren und Fischer-Untergruppen wie in Bemerkung 11 für allgemeine assoziative Algebren?*

**Übungsaufgabe 170** *Sei $G$ das semidirekte Produkt eines nilpotenten Normalteilers und einer abelschen Untergruppe. Ist dann jede Fischer-Untergruppe mit der Fitting-Untergruppe identisch?*

**Übungsaufgabe 171** *Wahr oder falsch: Eine Fischer-Untergruppe ist immer maximal nilpotent.*

**Übungsaufgabe 172** *Man beweise die Dedekind-Identität für Gruppen.*

**Übungsaufgabe 173** *Sei $K$ ein Körper. Was sind die nilpotenten Injektoren und Lie-Injektoren bzgl. $\delta_{u,3}$?*

**Übungsaufgabe 174** *Sei $K$ ein Körper. Was sind die nilpotenten Projektoren und Lie-Projektoren bzgl. $\delta_{u,3}$?*

**Übungsaufgabe 175** *Sei $K$ ein Körper. Was sind die Fischer-Untergruppen und Fischer-Teilalgebren bzgl. $\delta_{u,3}$?*

**Übungsaufgabe 176** *Sei $K$ ein Körper. Was sind die Carter-Untergruppen und Cartan-Teilalgebren bzgl. $\delta_{u,3}$?*

**Übungsaufgabe 177** *Sei $K$ ein Körper. Was ist die Fitting-Untergruppe und das Nilradikal bzgl. $\delta_{u,3}$?*

**Übungsaufgabe 178** *Sei $K$ ein Körper. Was sind die nilpotenten Injektoren und Lie-Injektoren bzgl. $K\Pi_3$?*

**Übungsaufgabe 179** *Sei $K$ ein Körper. Was sind die nilpotenten Projektoren und Lie-Projektoren bzgl. $K\Pi_3$?*

**Übungsaufgabe 180** *Sei K ein Körper. Was sind die Fischer-Untergruppen und Fischer-Teilalgebren bzgl.* $K\Pi_3$*?*

**Übungsaufgabe 181** *Sei K ein Körper. Was sind die Carter-Untergruppen und Cartan-Teilalgebren bzgl.* $K\Pi_3$*?*

**Übungsaufgabe 182** *Sei K ein Körper. Was sind die Fitting-Untergruppe und das Nilradikal bzgl.* $K\Pi_3$*?*

**Übungsaufgabe 183** *Sei K ein Körper der Charakteristik Null. Was sind die nilpotenten Injektoren und Lie-Injektoren bzgl.* $D_3$*?*

**Übungsaufgabe 184** *Sei K ein Körper der Charakteristik Null. Was sind die nilpotenten Projektoren und Lie-Projektoren bzgl.* $D_3$*?*

**Übungsaufgabe 185** *Sei K ein Körper der Charakteristik Null. Was sind die Fischer-Untergruppen und Fischer-Teilalgebren bzgl.* $D_3$*?*

**Übungsaufgabe 186** *Sei K ein Körper der Charakteristik Null. Was sind die Carter-Untergruppen und Cartan-Teilalgebren bzgl.* $D_3$*?*

**Übungsaufgabe 187** *Sei K ein Körper. Was sind die Fitting-Untergruppe und das Nilradikal bzgl.* $D_3$*?*

# Kapitel 10

# Ausblick auf Band III

Wir wir bereits angedeutet haben, werden wir in einem dritten Band dieser Serie insbesondere die Ergebnisse der Kapitel 6 bis 8 allgemein für die Solomon-Algebren in Charakteristik Null, die Solomon-Tits-Algebren, die Algebren der unteren und oberen Dreiecksmatrizen im Kontext von assoziativen Algebren mit selbstzentralem Radikalkomplement darstellen. Diese Darstellung beinhaltet zunächst eine allgemeine Theorie zu diesen Algebren, die wir dann auf die drei Objekte anwenden und ggfs. noch jeweils ausarbeiten. Das Hauptziel wird dabei die Klassifizierung der maximal nilpotenten Teilalgebren sein, jedoch werden wir auch versuchen, die anderen Ergebnisse dieses Werkes an ihnen zu illustrieren.

Die auflösbaren Gruppenalgebren gliedern sich nicht in die Theorie der Algebren mit selbstzentralem Radikalkomplement ein. Daher werden wir zu diesen ein separates Kapitel in Band III anfertigen. Eine zentrale Frage ist, ob es maximal Lie-nilpotente Teilalgebren gibt, die wieder Gruppenalgebren sind.

> 'Ein Mathematiker, der nicht irgendwie ein Dichter ist, wird nie ein vollkommener Mathematiker sein.'
>
> (Karl Weierstraß)

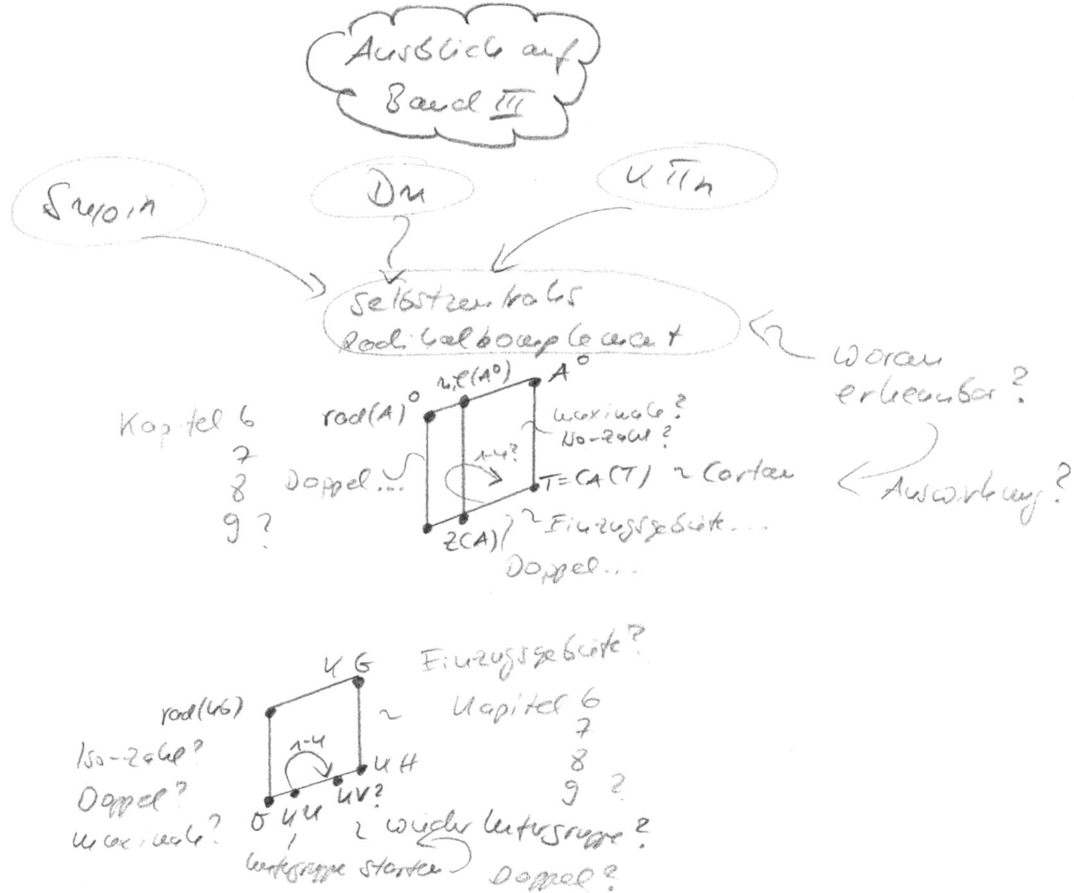

Ausblick auf Band III
Smoin
Dm
KTh
Selbstzentrales Radikalkomplement
Woran erkennbar?
Auswirkung?
rad(A)
A
T = CA(T)
Z(CA)
Kapitel 6
7
8
9 ?
Doppel...
Maximale?
No-Zahl?
Cartan
Einzugsgebiete...
Doppel...
KG
rad(KG)
KH
KV?
KK
1-4
Iso-Zahl?
Doppel?
maximale?
Einzugsgebiete?
Kapitel 6
7
8
9 ?
wieder Untergruppe?
Untergruppe starten
Doppel?

# Tabellenverzeichnis

# Abbildungsverzeichnis

# Literaturverzeichnis


[1] M. D. Atkinson, Solomon's descent algebra revisted, Bull. London Math. Soc. 24, 1992, 545-551

[2] S. A. Amitsur: Finite subgroups of division rings, Trans. Amer. Math. Soc. 80(1955), 361-386.

[3] D.W. Barnes, On Cartan subalgebras of Lie algebras, Math. Z. **101** (1967) 350-355.

[4] T. Bauer, Über die Struktur der Solomon-Algebren, Bayreuther Mathematische Schriften, Heft 63, 2001, 1-102

[5] T.Bauer, S. Siciliano, Carter subgroups in the group of units of an associative algebra, Bulletin of the Australian Mathematical Society / Volume 71 / Issue 03 / June 2005, pp 471-478

[6] N. Bourbaki, Lie Groups and Lie Algebras, Chapters 7-9 (Elements of Mathematics), Springer-Verlag, 20087

[7] G. Benkart, Cartan subalgebras in Lie algebras of Cartan type, Canadian Mathematical Society Conference Proceedings 5, 1986, 157-187.

[8] Yakov Berkovitch, Avinoam Mann, On sums ofdegrees of irreducible characters, Journal of Algebra, 199, 1998, pp. 646-665

[9] N. Bourbaki, Groupes et algèbres de Lie, Chapitre VII, Hermann, Paris, 1973.

[10] A.A. Bovdi, I.I. Khripta, Generalized Lie nilpotent group rings, Math. USSR Sbornik 57(1), 165-169, 1987

[11] Carter, R., On a class of finite soluble groups, Proc. London Math. Soc.**9**, 623-640 (1959).

[12] R. Dedekind, Über Gruppen, deren sämmtliche Theiler Normaltheiler sind, Mathematische Annalen (1897), Band 48,4, Seiten 548-561

[13] Di Martino, L. - Tamburini, M.C. - Zalesskiĭ, A.E., Carter subgroups in classical groups, J. London Math. Soc. **55**, 264-276 (1997).

[14] Xiankun Du, The centers of a radical ring, Canad. Math. Bull. 35, no. 2, 174-179, 1992

[15] Gutan, Marin - Kisielewicz, Andrezej, Reversible group rings, Journal of algebra 279, 2004, pp. 280-291

[16] Gorenstein, D., Finite Groups, Harper and Row, New York, 1968

[17] Hallahan, C.H. - Overbeck, J.: Cartan subalgebras of meta-nilpotent Lie algebras, Math. Z. **116**, 215-217 (1970).

[18] I.N. Herstein, FINITE MULTIPLICATIVE SUBGROUPS IN DIVISION RINGS, Pacific J. Math. 3 (1953), 121- 126

[19] I.N. Herstein, Topics in Ring Theory, University of Chicago Press, Chicago, 1969

[20] I.N. Herstein, Lie and Jordan structures in simple associative rings, Bull. AMS, Vol. 67, No. 6, 1961, 517-531

[21] I.N. Herstein, On the Lie structure of an associative ring, Journal of algebra, Vol. 14, Issue 4, April 1970, 561-571

[22] L.K. Hua, Some properties of s-fields, Proc. Nat. Acad. Sci. U.S.A. 35, 1949, 533-537

[23] B. Huppert, Endliche Gruppen I, Springer-Verlag, Berlin, 1967

[24] I.M. Isaacs, Algebra, a graduate course, Brooks/Cole Publishing Company, Pacific Grove, California, 1993.

[25] G. Ivanyos, Finding the radical of matrix algebras using Fitting decomposition, J. Pure Appl. Algebra **139** (1999) 159-182.

[26] N. Jacobson, Lie-Algebras, Wiley Interscience, New York London, 1962

[27] N. Jacobson, Schur's theorems on commutative matrices, Bull. Amer. Math. Soc. Volume 50, Number 6 (1944), 431-436.

[28] S.A. Jennings, Central chains of ideals in an associative ring, Duke Math.J **9** (1942) 341-355

[29] S.A. Jennings, Radical rings with nilpotent associated group. Trans. Roy. Soc. Can. ser. III 49 (1955), 31-38

[30] Armin Jöllenbeck, Abgeleitete Algebren, Mathematisches Seminar der Christian-Albrechts-Universität zu Kiel, Diplomarbeit, 1994

[31] G. Karpilovsky, The Jacobson Radical Of Group Algebras, Elsevier, Amsterdam, 1987

[32] Gregory Karpilovsky, Unit groups of classical rings, Clarendon Press, Oxford, 1988

[33] Afdalbert Kerber, Zu einer Arbeit von J. L. Berggren über ambivalente Gruppen, Pacific Journal of Mathematics, Vol. 33, No. 3, 1970

[34] I.I. Khripta, The nilpotence of the multiplicative group ring, Mat. Zametki 11, 191-200, 1972

[35] Max-Albert Knus u.a., The book of involutions, AMS Colloquium Publications, Volume 44, 1998

[36] Michiel Kosters, ALGEBRAS WITH ONLY FINITELY MANY SUBALGEBRAS, http://arxiv.org/pdf/1401.1607.pdf

[37] T. Y. Lam, Finite Groups Embeddable in Division Rings, www.arxiv.org

[38] H. Laue, Assoziative Algebren, Vorlesung am Mathematischen Seminar der CAU zu Kiel, WS 2010/2011

[39] H. Laue, On the associated Lie ring and the adjoint group of a radical ring, Canadian mathematical bulletin, Vol. 27, No. 4, 1984, pp. 217 ff.

[40] H. Laue, Lie-Algebren, Vorlesung am Mathematischen Seminar der CAU zu Kiel, WS 2008/2009

[41] Macdonald, I. G., Symmetric functions and Hall polynomials. Second edition. Claren- don Press, Oxford, 1995.

[42] I. B. S. Passi, D. S. Passman, S. K. Sehgal, Lie solvable group rings, Can. J. Math., Vol. XXV, No. 4, 1973, 748-757

[43] D. S. Passman, Observations on group rings, Communications in Algebra, 5(11), 1977, 1119-1162

[44] S. Perlis - G.L. Walker, Abelian group algebras of finite order, Trans. Amer. Math. Soc. 68, 1950, pp. 420-426

[45] R.S. Pierce, Associative Algebras, Springer-Verlag, New York, 1982

[46] Robinson, D.J.S., A course in the theory of groups, Springer-Verlag, New York, 1982.

[47] Robinson, Geoffrey R., A bound on norms of generalized characters with applications, Journal of Algebra, 212, 1999, pages 660-668

[48] Robinson, Geoffrey R., More bounds on norms of generalized characters with applications to p-local bounds and blocks, Bulletin of London Mathematical Society, 37, 4, 2005, pages 555-565

[49] Robinson, Geoffrey R., On generalized characters of nilpotent groups, Journal of Algebra, 308, 2007, pages 822-827

[50] Robinson, Geoffrey R., On the minimal norm of a non-regular generalized character of an arbitrary finite group, Bulletin LMS, 2010

[51] Scheja, Günter, Storch, Uwe, Lehrbuch der Algebra, Teil 2, Teubner-Verlag, Stuttgart, 1988

[52] Manfred Schocker, The module structure of the Solomon-Tits algebra of the symmetric group, J. Alg. 301(2006), No.2, pages 554-586 (Peprint available at http://arxiv.org/abs/math/0505137)

[53] Scholz, Karsten, Zentralreihen in Radikalringen, Diplomarbeit, Mathematisches Seminar der CAU zu Kiel, 1996

[54] Jean-Pierre Serre, Linear Representations of Finite Groups (Graduate Texts in Mathematics), Springer, 1996

[55] S. Siciliano, Cartan subalgebras in Lie algebras of associative algebras, Communications in Algebra, Volume 34, Issue 12 December 2006 , pages 4513 - 4522

[56] S. Siciliano, On the Cartan subalgebras of Lie algebras over small fields, J. Lie Theory 13 (2003) 511-518

[57] Benjamin Steinberg, http://math.stackexchange.com/questions/819466/

[58] Stitzinger, E., Theorems on Cartan subalgebras like some on Carter subgroups, Trans. Amer. Math. Soc. **159**, 307-315 (1971)

[59] Stitzinger, E., Minimal non-nilpotent solvable Lie-algebras, Proceedings of the AMS, Volume 28, No. 1, April 1971

[60] H. Strade, R. Farnsteiner, Modular Lie algebras and their representations. Marcel Dekker, New York, 1988

[61] Tamburini, M.C. - Vdovin, E.P., Carter subgroups in finite groups, J. Algebra **255**, 148-163 (2002)

[62] Hisao Tominaga, Algebras with only finitely many subalgebras, Mathematical Journal of Okayama University, Volume 19, Issue 1 1976 Article 8, December 1976

[63] Vinroot, C. Ryan, Twisted Frobenius-Schur indicators of finite symplectic groups, Journal of Algebra, 293, 2005, pages 279-311

[64] Vinroot, C. Ryan, A note on orthogonal similitude groups, Linear and Multilinear Algebra, 54(6), 2006, pages 391-396

[65] Vinroot, C. Ryan, Character degree sums and real represenations of finite classical groups of odd characteristic, Journal of Algebra and Its Applications, 09, 633 (2010), pages 633-658

[66] Dalla Volta, F. - Lucchini, A. - Tamburini, M.C., On the Conjugacy Problem for Carter Subgroups, Comm. Algebra **26**, 395-401 (1998).

[67] S. Wirsing, Separabilität in kommutativen und auflösbaren Algebren, Unter Berücksichtigung nicht-unitärer assoziativer Algebren, Disserta-Verlag, 2015, Hamburg

[68] S. Wirsing, Über Einheitengruppen modularer Gruppenalgebren, Disserta-Verlag, 2015, Hamburg

[69] S. Wirsing, Über die Struktur der Solomon-Tits-Algebren der symmetrischen Gruppe, Eine Analyse assoziativer, gruppentheoretischer und Lie-theoretischer Phänomene, Disserta-Verlag, 2015, Hamburg

[70] S. Wirsing, Maximal nilpotente Teilstrukturen I, Nilradikale und Cartan-Teilalgebren in assoziierten Lie-Algebren, Disserta-Verlag, 2015, Hamburg

[71] Wikipedia (englisch und deutsch), Hintergründe zu Mathematikern, zu futilen Algebren

[72] R.L. Wilson, Cartan subalgebras of simple Lie algebras, Trans. Amer. Math. Soc 234 (1977) 435-446.

[73] D.J. Winter, On the toral structure of p-algebras, Acta Math. 123 (1969) 70-81.

[74] The GAP Group, GAP — Groups, Algorithms, and Programming, Version 4.2; Aachen, St Andrews, 1999. (http://www-gap.dcs.st-and.ac.uk/ gap)

[75] http://page.math.tu-berlin.de/ kant/Algebra/algalg3.pdf

[76] http://de.wikipedia.org/wiki/BellscheZahl

[77] http://mathoverflow.net/questions/206602/are-carter-subgroups-nilpotent-projectors/206608

# Index